数控车床编程与图解操作

卢孔宝　顾其俊　编著

机 械 工 业 出 版 社

本书以 FANUC 0i Mate-TD 数控车削系统为介绍对象，以图解形式为表现手法，主要详解手工编程，同时将数控车床的基本操作步骤、常见参数设置、报警处理及常用加工刀具以图解形式做了详细介绍。书中提供的练习题由易渐难，供读者练习。

本书中的操作画面与实际数控系统画面完全一致，读者按照书中的图解操作步骤结合机床数控系统，可快速掌握并能独立进行机床操作。

本书与《数控铣床（加工中心）编程与图解操作》一书形成配套，适合具有数控车床的各类企业中相关数控操作与编程技术人员培训、使用，也适合作为应用型本科院校、高职高专院校及各类技术学校数控编程与数控实训的教材或教学参考书。

图书在版编目（CIP）数据

数控车床编程与图解操作/卢孔宝，顾其俊编著. —北京：机械工业出版社，2018.4（2022.1重印）
ISBN 978-7-111-59439-0

Ⅰ.①数… Ⅱ.①卢… ②顾… Ⅲ.①数控机床-车床-程序设计 ②数控机床-车床-操作 Ⅳ.①TG519.1

中国版本图书馆 CIP 数据核字（2018）第 051045 号

机械工业出版社（北京市百万庄大街 22 号 邮政编码 100037）
策划编辑：李万宇 责任编辑：李万宇 责任校对：刘雅娜
封面设计：马精明 责任印制：邰 敏
北京中科印刷有限公司印刷
2022 年 1 月第 1 版第 5 次印刷
169mm×239mm · 10.25 印张 · 194 千字
8701—10700 册
标准书号：ISBN 978-7-111-59439-0
定价：29.00 元

凡购本书，如有缺页、倒页、脱页，由本社发行部调换

电话服务　　　　　　　　　网络服务
服务咨询热线：010-88361066　机工官网：www.cmpbook.com
读者购书热线：010-68326294　机工官博：weibo.com/cmp1952
　　　　　　　010-88379203　金书网：www.golden-book.com
封面无防伪标均为盗版　　　教育服务网：www.cmpedu.com

前　言

　　为了满足高素质、高技能人才培养的需要，本书着重介绍了数控加工的基础知识及 FANUC 0i Mate-TD 数控系统的编程与基本操作方法。本书选择了图文结合的方式编写，力求通俗易懂，更适合应用型本科院校学生、高职高专学生及刚接触数控机床的企业人员使用。在数控系统选型方面，本书以目前国内高等院校、职业技术院校及大多数生产企业中使用的较为先进的 FANUC 0i Mate-TD 系统为例进行讲解。本书与已出版的《数控铣床（加工中心）编程与图解操作》形成一套较完善的配套书籍，为高等院校、职业院校培养数控车床、数控铣床（加工中心）高技能人才提供服务，为企业技术人员操作数控机床提供技术支持。本书内容由浅入深，要点、难点突出，并附有典型案例，第 5 章还提供了典型的加工练习题图样，供广大读者参考。

　　本书第 1~第 4 章由浙江水利水电学院从事数控教学的卢孔宝老师编写，第 5 章由浙江机电职业技术学院从事数控教学的顾其俊老师编写。在本书编写过程中，浙江水利水电学院的雷响、陈佩雯、孟井煜枫、白睿铭和钟嘉琪等同学参与了部分文字编辑工作，杭州师范大学钱江学院的王婧老师、浙江经贸职业技术学院的陈银老师和中国计量学院的林萍老师对本书编写提出了宝贵的意见，在此一并表示感谢。

　　本书在编写时参考了北京发那科机电有限公司的数控系统操作和编程说明书，同时也参照了部分同类书，在此对相关作者表示衷心的感谢。

　　本书可以作为从事数控加工技术人员的学习和提高用书，也可以作为应用型本科院校和高职高专院校数控编程与数控实训的教材。

　　本书在编写时虽然力求完善并经过反复校对，书中所有程序均通过机床验证，但因编者水平有限，书中难免存在不足和疏忽之处，敬请广大读者批评指正，以便进一步修改。欢迎大家加强交流，共同进步。

　　技术交流 qq 群：364222900

　　作者邮箱：hzlukb029@163.com。

编　者

目　录

第 4 章　数控车床编程与操作实例

第 5 章　数控车床编程练习题

附　录

第 1 章

数控车床基础知识

数控车床是机械加工的主要技术装备,其应用范围非常广泛,主要用于加工零件的旋转表面,如轴类和盘类工件的内外表面,任意角度的内外圆锥面,复杂的内外曲面(如椭圆和双曲线),以及圆锥、圆柱、端面螺纹等,并能进行切槽、钻孔、铰孔和镗孔等加工。数控车床和普通车床的工件装夹方式基本相同,但为了提升加工效率、提高加工稳定性和减轻劳动者的劳动强度,部分数控车床采用液压卡盘装夹工件。

1.1 数控车床的结构、组成与工作原理

1.1.1 数控车床的组成

数控车床一般由输入/输出设备、CNC 装置(计算机数控装置,或称 CNC 单元)、伺服单元、驱动装置(或称执行机构)、PLC(可编程控制器)、电气控制装置、辅助装置、机床本体及测量反馈装置组成,如图 1-1 所示。

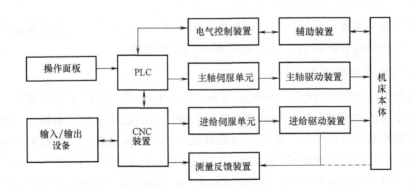

图 1-1 数控机床的组成框图

1. 输入/输出设备

输入设备是将各种加工信息传递给计算机的外部设备。根据各阶段不同,其

输入设备也在变化。输入设备主要经历了穿孔纸带、成盒式磁带、键盘、磁盘、CF（紧凑式内存）卡、DNC（分布式数控）网络通信、串行通信等阶段，随着计算机技术的普及，输入设备也更加快捷、便利和高效。

输出设备是指将机床内部数据（含机床原始参数、故障诊断参数、数控程序、PLC梯形图等）向计算机输出的设备。通常情况下由显示屏、数据线等组成。

2. CNC装置（CNC单元）

CNC装置由数据的输入、处理和输出等部分组成，是数控机床的核心装置。CNC装置的工作流程：接收数据信息，经译码、插补、逻辑处理后再将各种指令信息输出给伺服系统，再由伺服系统驱动执行部件实现机床的进给运动。

3. 伺服单元

伺服单元主要由驱动器和驱动电机组成，它能与机床的执行部件或机床传动部件组成数控机床的进给系统，经过脉冲信号转换，实现移动部件按一定运动轨迹运动。对于步进电动机来说，每一个脉冲信号使电动机转过一个角度，进而带动机床的移动部件移动一个微小距离。对于伺服电动机而言，其每个进给运动的执行部件都有相应的伺服驱动系统，整个机床的性能主要取决于伺服系统。

4. 驱动装置

驱动装置的作用是将经放大器处理后放大的指令信号转变成机械运动信号，通过机械连接部件驱动机床按规定的轨迹做严格的相对运动，并使工作台精确定位，满足零件精度要求。驱动装置和伺服单元相对应，主要有步进电动机、直流伺服电动机和交流伺服电动机等。

由伺服单元和驱动装置构成的伺服驱动系统是数控机床的重要组成部分，为机床工作台运动提供动力，完成CNC指令的运动轨迹。

5. 可编程序控制器

可编程序控制器（PC，Programmable Controller）是一种在工业环境下以微处理器为基础的通用型自动控制装置。这种装置应用在机床上较好地解决了加工设备的逻辑控制及开关控制，并且可修改性灵活，可靠性较强。工程技术人员通常把它定义为可编程序逻辑控制器PLC（Programmable Logic Controller），也可称其为可编程序机床控制器PMC（Programmable Machine Controller）。CNC和PLC相互协调配合，完美地完成了对数控机床的控制，如今PLC已成为数控机床不可缺少的控制装置。

6. 机床本体

数控机床的机床本体与传统机床相似，包括主轴传动装置、进给传动装置、床身、工作台、辅助运动装置、液压气动系统、润滑系统，以及冷却装置等。为了满足数控机床的要求，充分发挥数控机床的特点，数控机床在整体布局、外观造型、传动系统、刀具系统的结构以及操作机构等方面都已发生了很大的变化。

7. 测量反馈装置

测量装置也称反馈元件，包括光栅、旋转编码器、激光测距仪和磁栅等。测量反馈装置通常安装在机床的工作台或丝杠上，它把机床工作台的实际位移转变成电信号反馈给 CNC 装置，供 CNC 装置与指令值比较产生误差信号，以控制机床向消除该误差的方向移动。

1.1.2　数控车床的分类

1. 按数控车床主轴位置分类

（1）立式数控车床

简称数控立车，其主轴垂直于水平面，有一个直径很大的圆形工作台用来装夹工件，如图 1-2 所示。

图 1-2　立式数控车床

立式数控车床适合加工中、大型盘、盖类零件。它具有高强度铸铁底座、立柱，有良好的稳定性和抗振性能。采用立式结构，装夹工件更方便，占地面积更小。采用油水分离结构，使冷却水清洁保持久，并且分离式冷却水箱也便于清洗。

立式数控车床具有以下特点：具有大型正规立式车床的精度和功能；无级调速，主电动机变频调换转速；价格经济，结构更科学；可增加动力万能铣头。

（2）卧式数控车床

卧式数控车床又分为水平导轨卧式数控车床和倾斜导轨卧式数控车床，倾斜导轨卧式数控车床的倾斜导轨结构可以使车床具有更大的刚性，并易于排出切屑，如图 1-3 所示。

图 1-3　卧式数控车床

卧式数控车床是常见的数控车床之一，对加工对象的适应性强，既适用于模具等产品的单件生产，又适用于中、大批产品的批量生产，适合加工中、小型轴、盖类零件。卧式数控车床的床身、床脚、油盘等采用整体铸造结构，刚性高，抗振性好，符合高速切削机床的特点。其润滑系统设计合理可靠，设有液压泵对特殊部位进行自动强制润滑。

卧式数控车床具有以下特点：机床本身的精度高、刚性大，可选择有利的加工用量，生产率高（一般为普通机床的 3~5 倍）；机床自动化程度高，可以减轻劳动强度，有利于实现生产管理的现代化；使用数字信息与标准代码处理、传递信息，为计算机辅助设计、制造及管理一体化奠定了基础。

2. 按数控系统功能分

（1）经济型数控车床

经济型数控车床一般采用开环控制，具有 CRT（阴极射线管）显示、程序存储、程序编辑等功能，缺点是没有恒线速度控制功能，刀尖圆弧半径补偿属于选择功能，加工精度不高，属于中档数控车床，主要用于加工精度要求不高、有一定复杂性的零件，如图 1-4 所示。

（2）全功能型数控车床

全功能型数控车床是一种高档

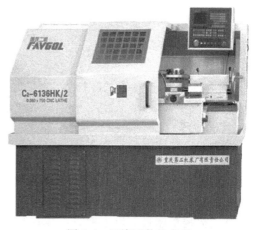

图 1-4　经济型数控车床

次的数控车床，一般具有刀尖圆弧半径补偿、恒线速度切削、自动倒角、固定循环、螺纹切削、用户宏程序等功能，加工能力强，适合加工精度高、形状复杂、工序多、循环周期长、品种多变的单件或中小批量零件，如图 1-5 所示。

（3）车削中心

车削中心的主体是高档数控车床，配有动力铣头和机械手，可以实现车铣复合加工，如图 1-6 所示。有的车削中心有双主轴，副主轴可以移动，接过主轴加工过的工件，再加工另一端；主轴有 C 轴回转功能，使主轴按进给脉冲做任意低速的回转，可以铣削零件端面、螺旋槽和凸轮槽，一机多能，效率提高。

图 1-5　全功能型数控车床

若和加工中心、卧式数控车床或立式数控车床一起，三台或多台机床配上一台工业机器人，构成车铣加工单元，可以用于中小批量的柔性加工。

图 1-6　车削中心

3. 按特殊工艺或专门工艺性能分类

数控车床按特殊工艺性能成专门工艺性能可分为螺纹数控车床、活塞数控车床、曲轴数控车床、数控卡盘车床、数控管子车床等，如图 1-7 所示。

4. 按主轴变速形式分类

（1）无级变速数控车床

无级变数数控车床的主轴采用无级变速，不仅能在一定的变速范围内选择合理的切削速度，而且还能在切削过程中进行自动换速，如图 1-8 所示。数控车床一般都采用直流或交流伺服电动机或交流异步电动机加变频器来实现无级变速。

（2）分段无级变速数控车床

数控车床在实际生产中，并不需要在整个变速范围内均为恒功率。一般要求在中、高速段为恒功率传动，在低速段为恒转矩传动，确保数控车床主轴低速工

a)

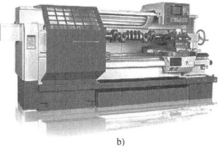
b)

图 1-7　特殊工艺数控车床

a）螺纹数控车床　b）曲轴数控车床

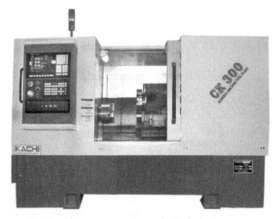

图 1-8　无级变速数控车床

作时有较大的转矩。有的数控车床在交流或直流电动机无级变速的基础上加配齿轮变速，使之成为分段无级变速数控车床，如图 1-9 所示。当带有变速齿轮的主

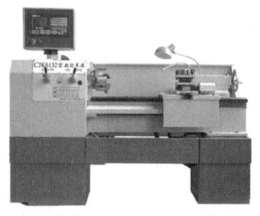

图 1-9　分段无级变速数控车床

传动采用滑移齿轮移位实现变速操作时，多采用液压拨叉推动变速机构。

1.2　数控车床的坐标轴与坐标系

1.2.1　数控车床的坐标轴及其相互关系

为简化编程和保证程序的通用性，对数控机床的坐标轴和方向命名制定了统一的标准，规定直线进给坐标轴用 X、Y、Z 表示，常称基本坐标轴。X、Y、Z坐标轴的相互关系用右手定则决定，如图 1-10 所示，大拇指的指向为 X 轴的正方向，食指指向为 Y 轴的正方向，中指指向为 Z 轴的正方向。

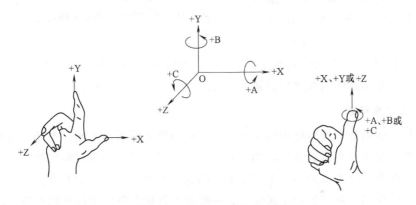

图 1-10　右手直角笛卡儿坐标系

围绕 X、Y、Z 轴旋转的圆周进给坐标轴分别用 A、B、C 表示，根据右手螺旋定则，如图 1-10 所示，以大拇指指向+X、+Y、+Z 方向，则食指、中指等的指向是圆周进给运动的+A、+B、+C 方向。

对于车床而言，Y 轴为虚拟轴，只需确定出 X 轴、Z 轴即可。

1.2.2　数控车床坐标轴的确定

1. Z 轴

通常把传递切削力的主轴定为 Z 轴。对于数控车床而言，工件的转动轴为 Z轴，其中远离工件的装夹部件方向为 Z 轴的正方向，接近工件的装夹部件方向为 Z 轴的负方向，如图 1-11 所示。

2. X 轴

X 轴一般平行于工件装夹面且垂直于 Z 轴。对于数控车而言，X 轴在工件的径向上，且平行于横向滑座，刀具远离工件旋转中心的方向为 X 轴的正方向，刀具接近工件旋转中心的方向为 X 轴的负方向，如图 1-11 所示。

1.2.3 机床坐标系与工件坐标系

1. 机床坐标系

为了确定数控车床的运动方向和距离，首先要在数控车床上建立一个坐标系，该坐标系称为机床坐标系，也称机械坐标系。机床坐标系确定后也

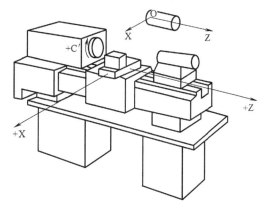

图 1-11 数控车床 X 轴、Z 轴定义

就确定了刀架位置和车床运动的基本坐标。机床坐标系是数控车床的固有坐标系，一般该坐标系的值在出厂设置后即为固定值，不轻易变更。

2. 工件坐标系

工件坐标系是编程时使用的坐标系。又称编程坐标系。该坐标系是人为设定的。建立工件坐标系是数控车床加工前必不可少的一步。编程人员在编写程序时根据零件图样、加工工艺，以工件上某一固定点为原点建立笛卡儿坐标系，其原点即为工件原点。对于数控车床而言，一般把工件原点设置在旋转轴与端面的交界点处。

机床坐标系与工件坐标系的关系如图 1-12 所示。

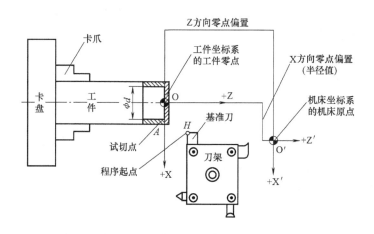

图 1-12 机床坐标系与工件坐标系关系

1.3 FANUC 0i Mate-TD 数控系统指令表

1.3.1 准备功能（G功能）

G功能习惯上称为数控机床的"准备功能"，它是数控编程中内容最多、用途最广的编程指令，主要功能是数控系统向机床执行元件发送以何种方式切削和以何种进给速度进行切削加工或者位移的指令。通常以位址G加上两位数字组成，其范围为G00~G99，不同的G功能代表不同的切削方式或不同的运动动作。

G代码分为模态代码和非模态代码。所谓模态代码指的是在某一程序段中执行指令之后，指令可以一直保持有效状态，直到撤销这些指令；所谓非模态代码指的是仅在编入的程序段中生效的代码指令。

利用模态代码可以大大简化加工程序，但由于它的连续有效性，使得其撤销必须由相应的指令进行。数控系统规定将不能同时执行的代码指令归为一组，以G代码后两位数字进行区别。同一组的代码有相互取代的作用，由此来达到撤销模态代码的目的。

此外，为了避免编程人员在程序中出现指令代码遗漏的情况，数控系统规定在每一组的代码指令中取其中的一个代码作为开机默认代码。

FANUC 0i Mate-TD 数控车床的G代码见表1-1。

表 1-1 FANUC 0i Mate-TD 数控车床的 G 代码

G 代码	组别	功 能
G00*	01	定位(快速)
G01		直线插补(切削进给)
G02		顺时针圆弧插补
G03		逆时针圆弧插补
G04	00	暂停
G07.1(G107)		圆柱插补
G10		可编程数据输入
G11		可编程数据输入方式取消
G12.1(G112)	21	极坐标插补方式
G13.1(G113)		极坐标插补方式取消
G18	16	$Z_p X_p$ 平面选择
G20	06	英寸(in)输入
G21		毫米(mm)输入

（续）

G 代码	组别	功　能
G22	09	存储行程检测功能有效
G23		存储行程检测功能无效
G27	00	返回参考点检测
G28		返回参考点
G30		返回第 2、3、4 参考点
G31		跳转功能
G32	01	螺纹切削
G40 *	07	刀尖半径补偿取消
G41		刀尖半径补偿左
G42		刀尖半径补偿右
G50	00	坐标系设定或最大主轴转速钳制
G50.3		工件坐标系预设
G52		局部坐标系设定
G53		机床坐标系选择
G54 *	14	选择工件坐标系 1
G55		选择工件坐标系 2
G56		选择工件坐标系 3
G57		选择工件坐标系 4
G58		选择工件坐标系 5
G59		选择工件坐标系 6
G65	00	宏程序调用
G66	12	宏程序模态调用
G67		宏程序模态调用取消
G70	00	精加工循环
G71		粗车循环
G72		平端面粗车循环
G73		型车复循环
G74		端面深孔钻削
G75		外径/内径钻孔
G76		螺纹切削复循环

（续）

G 代码	组别	功　　能
G80*	10	固定钻循环取消
G83		平面钻孔循环
G84		平面攻丝循环
G85		正面镗循环
G57		侧钻循环
G88		侧攻丝循环
G89		侧镗循环
G90	01	外径/内径切削循环
G92		螺纹切削循环
G94		端面车循环
G96	02	恒表面速度控制
G97		恒表面速度控制取消
G98	05	每分钟进给
G99		每转进给

注：1. 标有 * 的 G 代码是开机默认代码。
　　2. 00 组的 G 代码都是非模态 G 代码，其中 G10 指令是一次设定，在 G11 取消设定之前一直有效。
　　3. 不同组的 G 代码可以在同一程序段中组合且均有效。但如果同一位序段中指定了同组 G 代码，则最后指定的 G 代码有效。
　　4. 输入了超出范围的 G 代码，或系统中没有指定的代码，则机床会出现 No.010 报警。
　　5. 如果在固定循环指令中指定了 01 组的 G 代码，则固定循环将自动取消，固定循环指令不影响 01 组 G 代码。

1.3.2　辅助功能（M 功能）

M 功能习惯上称为数控机床的"辅助功能"，主要功能是在数控机床运行过程中控制机床辅助动作，其代码范围为 M00 ~ M99。除通用标准代码（如 M03、M04、M00、M98 和 M99 等）外，有些机床制造厂商根据自己机床的机械运动设计出了特定的 M 代码，用于控制辅助功能的开或关。

FANUC 0i Mate-TD 数控车床的 M 代码见表 1-2。

表 1-2　FANUC 0i Mate-TD 数控车床的 M 代码

序号	代码	功　　能
1	M00	程序暂停
2	M01	程序选择暂停
3	M02	程序结束

（续）

序号	代码	功　能
4	M03	主轴正转
5	M04	主轴反转
6	M05	主轴停止
7	M07	内冷却开
8	M08	外冷却开
9	M09	冷却关
10	M30	程序结束、系统复位
11	M98	子程序调用
12	M99	子程序结束标记

注：当多个 M 代码出现在同一程序段中时，执行最后一个 M 代码功能，其余 M 代码均忽略。

1.3.3　主轴转速功能（S 功能）

S 功能习惯上称为数控机床的"主轴转速功能"，用于指定主轴的回转转速（r/min），如 S800 表示转速为 800r/min。通常机床主轴转速都会被限制，即设定了最高转速。当 S 代码转速超过主轴最高转速设定值时按机床最高设置执行。

在操作数控车床时可根据实际情况，随时调整机床面板上的"主轴转速倍率"旋钮调整合适的转速值。S 代码指令需要 M03（主轴正转）或 M04（主轴反转）才能使机床主轴转动起来。

数控车床的转速分为恒线速和恒转速，由准备功能的指令 G96（恒线速）或 G97（恒转速）控制，机床开机默认为 G97。恒线速的转速与切削直径有关，计算公式为

$$v = \frac{\pi DN}{1000}$$

式中，v 为主轴旋转线速度；π 为圆周率，$\pi \approx 3.14159$；D 为待加工段外圆直径（mm）；N 为编程设定转速（r/min）。

1.3.4　其他 M 功能

1. M00（程序暂停）

当执行有 M00 指令的程序段后，执行暂停，不再执行下段，相当于执行了"进给保持"操作。当再次按下操作面板上的循环起动按钮后，程序继续执行。

该指令可应用于自动加工过程中，停车进行某些手动操作，如手动变速、换刀和关键尺寸的抽样检查等。

2. M01（程序选择暂停）

该指令的作用和 M00 相似，但它必须在预先按下操作面板上"选择停止"按钮的情况下才有效。如果不按下"选择停止"按钮，M01 指令无效，程序继续执行。

3. M02（程序结束）

该指令用于加工程序全部结束。执行该指令后，机床便停止自动运转，切削液关闭，机床复位。

4. M30（程序结束、系统复位）

在完成程序段所有指令后，使主轴、进给和切削液都停止，机床及控制系统复位，光标回到程序开始的字符位置。

1.3.5　刀具功能（T 功能）

T 代码指令习惯上称为数控机床的刀具功能，用于选择数控车床刀具号及刀具补偿号，通常以位址 T 加上 4 位数字组成，前两位数字为刀具号，后两位数字为刀具补偿号。如 T0102 指令，指的是选择 1 号刀具和 2 号刀具补偿号。

1.3.6　进给速率功能（F 功能）

F 代码指令习惯上称为数控机床的进给速度功能，用于控制刀具移动时的速度，通常以位址 F 加上数字组成，数控车床默认状态下 F 后面的数值表示每转刀具的进给量，单位为 mm/r。

通常机床最高进给速度都会被限制，即设定了最高进给速度。当 F 代码后面数值超过机床最高进给速度设定值时，按机床最高进给速度设置值执行。

在操作数控车床时可根据实际情况，随时调整机床面板上的"切削进给倍率"旋钮调整合适的进给值。F 功能一旦设定数值后，如果下面程序段中未被重新指定，则表示先前所设定的进给速度继续有效。

1.4　数控车床基本编程指令图解与分析

1.4.1　英制、米制转换指令（G21、G20）

一般情况下，我国的数控设备采用米制单位，一开机系统自动设定为米制单位（mm），程序中无须再指定 G21 指令。其默认值取决于参数 No.0000#2（INI=0 为米制单位，INI=1 为英制单位），如图 1-13 所示。如需切换为英制单位（in 英寸），则需在程序段中插入 G20 指令。

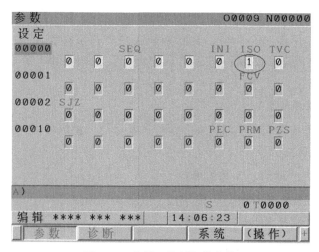

图 1-13　米制、英制切换参数

提示：

1）G20 或 G21 通常单独使用，不和其他指令一起出现，一般情况下编写在程序第一行。

2）在同一个程序中，只能使用一种单位，不可将米制、英制混用。

3）当米制、英制转换时，系统中的刀具补偿值及其他有关参数需重新设定。

1.4.2　绝对式编程（X、Z）、增量式编程（U、W）

在数控车床上，作为刀具移动量的制订方法有绝对式编程和相对式编程两种。他们还根据 X 坐标数值、Z 坐标数值或者 U 坐标数值、W 坐标数值来区分，前者为绝对式编程即编程程序段中的坐标数值是相对于工件零点的坐标值，后者为增量式编程即编程程序段中的坐标数值是以当前位置作为基准，给出相对位置值。

1.4.3　基本移动指令编程

1. G00 快速点定位

格式为 G00 X(U)_ Z(W)_;

G00 指令可以将刀具从当前位置移动到指令指定的位置（在绝对坐标方式下）或者移动到某个距离处（在增量坐标方式下）。

G00 为模态指令（持续有效指令）。X(U)、Z(W) 的数值表示在绝对式（增量式）编程下的运动终点坐标。其中 G00 指令也可以用 G0 表示。

执行 G00 指令刀具的移动轨迹可以是直线型和非直线型两种，由机床参数设置决定。下面以机床参数默认的非直线型为例进行讲解，从 A 点到 B 点需经 45°转折后到达，其运动轨迹如图 1-14 所示。

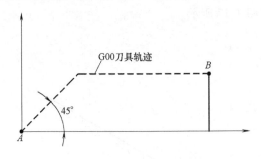

图 1-14　G00 指令运动轨迹

应用举例：

如图 1-15 所示，刀具由 A 点快速定位到 B 点，用绝对式编程表示为

G00 X34 Z26；

用增量式编程表示为

G00 U24 W16；

提示：

1）G00 指令中可根据加工要求实现单轴移动或 2 轴移动。

2）快速移动的速度由机床参数 No.1420 设定，一般设置为 5000 ~

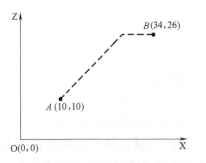

图 1-15　G00 指令举例

8000mm/min。如图 1-16 所示，结合机床操作面板的"快速移动倍率"旋钮调整。

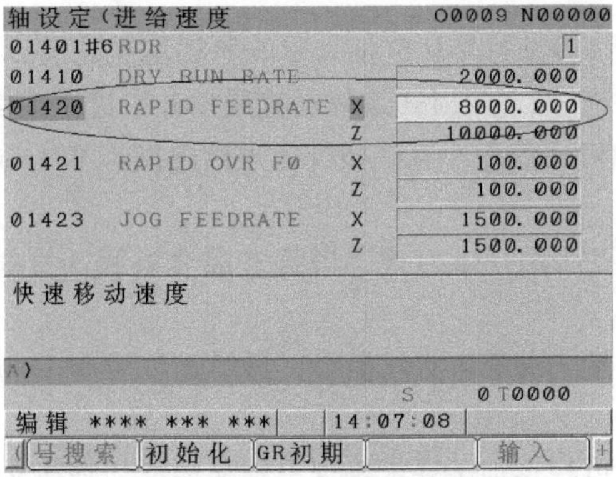

图 1-16　快速移动速度的参数设置

2. 直线插补（G01）

格式为 G01 X（U）_ Z（W）_ F_；

直线插补以直线方式和指令给定的移动速率，从当前位置移动插补到指令指定的终点位置，如图1-17所示。

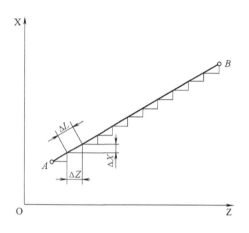

图1-17　直线插补指令

其中，X、Z 为要求移动到的位置的绝对坐标。

U、W 为要求移动到的位置的增量坐标。

F 为切削进给倍率，默认状态下单位为 mm/r。

G01 为模态指令（持续有效指令）；X（U）、Z（W）的数值表示在绝对式（增量式）编程下的运动终点坐标。其中 G01 指令也可以用 G1 表示。

执行 G01 指令的刀具结合绝对值或增量值，按规定的切削进给速度沿直线移动至终点坐标位置。

应用举例：

以图1-18为例，假设刀具从定位 A 点开始切削至轮廓 B 点，程序如下

G01 X30 Z-14 F0.1；（绝对式编程。直线插补，进给速度为 0.1mm/r）

X50 Z-22；（绝对式编程。直线插补，进给速度为 0.1mm/r）

或

G01 X30 W-14 F0.1；（绝对式、增量式混合编程。直线插补，进给速度为 0.1mm/r）

U20 W-8；（增量式编程。直线插补，进给速度为 0.1mm/r）

提示：

1）G01 指令中可根据加工要求实现单轴移动或 2 轴移动。

2）程序第一次出现 G01 指令且程序段前未出现过 F 功能指令，则必须制订

F 指令，当切削进给速度相同时，F 功能指令可省略。当新的 F 功能指令出现后则前一个 F 功能指令被取消。

3. G01 自动倒角、倒圆角功能

直线插补指令 G01 在数控车编程中还有特殊用法：倒角、倒圆角功能。自动倒角、倒圆功能可以在两个相邻轨迹之间插入直线倒角或画弧倒角。

45°（直角处）倒角：由轴向切削向端面切削倒角，即由 Z 轴向 X 轴倒角。

格式为 G01 Z（W）_ I（C）±i F_;

其中，Z 为夹倒角的两条直线延长线交点的绝对坐标。

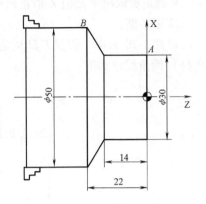

图 1-18　G01 指令加工举例

W 为夹倒角的两条直线延长线交点的增量坐标。

i 的正负取决于是向 X 轴正向还是负向倒角，如图 1-19a 所示，由端面切削向轴向切削倒角，即由 X 轴向 Z 轴倒角。

格式为 G01 X(U)_ K(C)±k;

其中，X 为夹倒角的两条直线延伸线交点的绝对坐标。

U 为夹倒角的两条直线延长线交点的增量坐标。

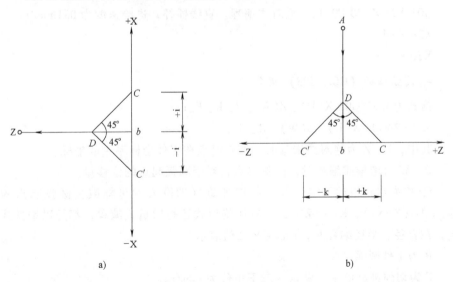

图 1-19　45°（直角处）倒角

a）Z 轴向 X 轴倒角　b）X 轴向 Z 轴倒角

k 的正负取决于是向 Z 轴正向还是负向倒角,如图 1-19b 所示。

应用举例:

以图 1-20 为例,假设刀具从定位 A 点开始切削至轮廓 B 点,利用 45°(直角处)倒角程序如下:

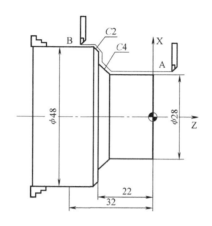

图 1-20 45°(直角处)倒角举例

G01 X28 Z-20 F0.1;(绝对式编程。直线插补,进给速度为 0.1mm/r)

X38 K-4;

X50 K-2;

4. 圆弧插补(G02/G03)指令

格式为 G02/G03 X(U)_ Z(W)_ I_ K_ F_;

或 G02/G03 X(U)_ Z(W)_ R_ F_;

其中,X、Z 为绝对式编程时,圆弧终点在工件坐标系中的坐标。

U、W 为增量式编程时,圆弧终点相对于圆弧起点的位移量。

I、K 为圆心相对于圆弧起点的增加量(即圆心的坐标减去圆弧起点的坐标)。I=(X-X1),K=(-Z1),不管用绝对式还是增量式编程,都是以增量式指定,在直径、半径编程时,I 都用半径值表示。

R 为工件圆弧半径。

F 为切削进给倍率,默认状态下单位为 mm/r。

G02/G03 为模态指令(持续有效指令)。X(U),Z(W)的数值表示在绝对式(增量式)编程下的运动终点坐标。其中 G02/G03 指令也可以用 G2/G3

表示。

执行 G02/G03 指令时刀具结合绝对值或增量值，按规定的切削进给速度沿 X 轴、Z 轴按一定比例移动至终点坐标位置，最终形成指定的圆弧轨迹。

以图 1-21 为例，假设刀具从定位点开始切削至圆弧轮廓终点，程序如下：

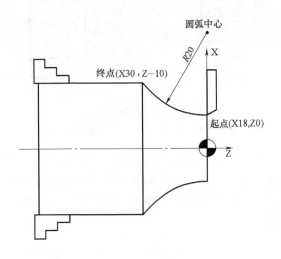

图 1-21　G02 指令加工举例

G01 X18 Z0 F0.1；（绝对式编程。直线插补，进给速度为 0.1mm/r）

G02X30 Z-10 R20；（绝对式编程。圆弧插补，进给速度为 0.1mm/r）

提示：

1）G02/G03 以回转轴的上半轴轮廓进行判别，顺时针圆弧为 G02，逆时针圆弧为 G03。

2）当同一程序段中同时出现 I、K 和 R 时，则执行 R，I、K 数值无效。

3）大于半圆的圆弧在数控车床上没有实际意义。

5. 左/右刀补建立指令（G41/G42）

格式为 G41/G42 X(U)_ Z(W)_ F_；

其中，G41 为左补偿。顺着切削方向看，零件在刀具左边为左补偿，如图 1-22所示。

G42 为右补偿，顺着切削方向看，零件在刀具右边为右补偿如图 1-22 所示。

G41/G42 为模态指令（持续有效指令）。X(U)，Z(W) 的数值表示在绝对式（增量式）编程下的运动终点坐标。通常在 G41/G42 建立刀补后需要用 G40 指令取消刀补。

在数控车削过程中，为了延长刀具寿命，降低工件表面粗糙度，一般选用的

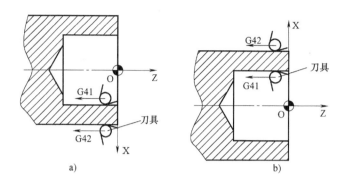

图 1-22   左右刀补方向

a) 前置刀架刀补方向   b) 后置刀架刀补方向

刀尖处有圆弧过渡。编程时通常将车刀尖作为一个点来考虑。当用按理论刀尖点编出的程序进行端面、外径、内径等与轴线平行或垂直的表面加工时，工件的尺寸是不会产生误差的。但在进行倒角、锥面、圆弧切削时，则会产生欠切或过切现象，如图 1-23 所示。

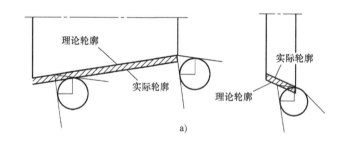

a)

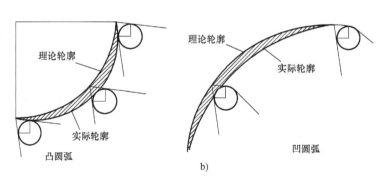

b)

图 1-23   未使用刀补加工的欠切与过切现象

a) 圆锥加工过程中的欠切与过切   b) 圆弧加工过程中的欠切与过切

为了使刀具在圆锥、圆弧的切削过程中不再产生过切、欠切现象，编程同样按照零件轮廓编程，只要在程序中加入半径补偿指令，在数控操作系统刀具参数中输入相应的刀尖圆弧半径 R 和刀尖方位 T。当机床加工工件时，读取系统刀具参数中相应的半径补偿参数，偏置一个刀尖圆弧半径 R，自动按照刀尖圆弧中心轨迹进行切削。加工出所要求的零件轮廓。根据刀尖形状及刀尖位置的不同，数控车刀的刀具切削沿共有 9 种，如图 1-24 所示。

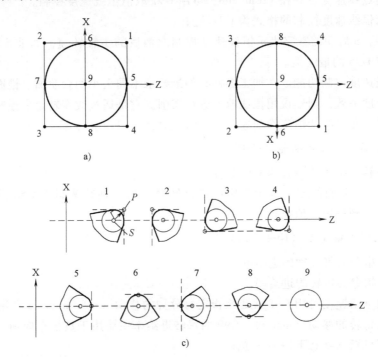

图 1-24　刀尖方位关系

a）后置刀架方位　b）前置刀架方位　c）不同类型刀具刀尖沿号

6. 左/右刀补取消指令（G40）

格式为 G40 X(U)＿ Z(W)＿ F＿；

其中，X(U)、Z(W) 的数值表示在绝对式（增量式）编程下的运动终点坐标。

1.4.4　其他常用 G 功能指令

1. 程序暂停（G04）

格式为 G04 X；

其中，X 为暂停的时间，单位为 s。例如 G04 X0.3，表示程序暂停 0.3s。

G04 暂停指令为非模态指令，执行 G04 指令可使程序进入暂停状态，机床进给运动暂停，其余工作状态（如主轴、冷却）保持不变。

2. 恒线速度控制/取消恒线速度控制（G96/G97）

恒线速度控制的格式为 G96 S_ ；

其中，S 后面的数字表示的是恒定的线速度，单位为 m/min。例如 G96 S120 表示切削点线速度控制在 120m/min，可用 G97 取消恒线速度控制。

取消恒线速度控制的格式为 G97 S_ ；

其中，S 后面的数字表示恒线速度控制取消后的主轴转速，如果 S 未指定，则将保留 G96 的最终值。

恒线速度控制功能。在加工零件时如果要求不同大小的台阶面、锥面或者端面的粗糙度一致，则建议用恒线速度进行切削。它是通过改变转速来控制相应的工件直径变化以维持恒定切削速率的，编程时常与 G50 指令配合使用。

3. 最高转速限定功能（G50）

最高转速限定的格式为 G50 S_ ；

其中，S 后面的数字表示设定的最高转速。当主轴转速高于 G50 设定速度时，则被限制按设定值执行。

4. 切削进给速度（G98/G99）

G98 指令为每分钟的进给率。

G99 指令为每转的进给率。

切削进给速度可用 G98 代码来指定每分钟的移动（mm/min）或者用 G99 代码来指定每转的移动（mm/r）。G99 的每转进给率主要用于数控车床加工。数控车床在开机默认状态下按 G99 执行。

1.4.5　固定循环功能

在上述内容中介绍了常用的 G 功能指令，每个 G 功能指令都有自己独属的功能，可以将各个 G 功能代码组合使用，从而达到切削零件轮廓的目的。由于数控车削加工多为大余量多次进给切削。如果对每一刀都进行编程，将给程序员带来很多麻烦，且较容易出错。为了进一步提高工作效率、简化编程量，FANUC 0i Mate-TD 系统设计了相关固定循环功能，用一个程序段可以实现多程序段指令才能完成的加工路线。同时采用固定循环指令编程，可以缩短程序段的长度，减少程序所占用的内存。固定循环一般分为单一固定循环和复合固定循环。

1. 单一固定循环

（1）外径/内径切削循环指令（G90）

格式为

G00 X(U) <u>α</u> Z(W)β;

G90 X(U) _ Z(W)_ R_ F_;

主要用于简单圆柱面或圆锥面的循环切削。

其中，α、β为起点坐标，同时也是终点坐标，即从该点开始循环切削，到该点终止循环切削。通过它的切削轨迹可以看出：车削外圆时，定位点的 X 轴坐标要比毛坯外圆直径略大；车削内孔是，定位点的 X 轴坐标要比毛坯内孔直径略小，定位点的 Z 轴坐标要定位在工件外。

G90 X (U)_ Z (W)_　为切削终点的绝对/增量坐标值。

R_ 为圆锥切削起点与切削终点的半径差，即：R =（大端直径 – 小端直径）/2。

F_ 为切削进给速度，默认状态下单位为 mm/r，也可根据 G98（mm/min）和 G99（mm/r）进行指定。

提示：

R 值有正负之分，所以编程时应注意 R 的符号。当 R = 0 或缺省输入时为圆柱面切削。R 值的计算以 G90 循环切削定位点的 X 轴绝对/增量坐标开始算起。

应用举例：

加工如图 1-25 所示的圆柱台阶轴零件，单次切削深度为 2.5mm，进给量为 0.15mm/r，编制程序如下，单次切削循环刀具路径如图 1-26 所示。刀具从循环切削起点开始做循环进给运动，返回循环切削起点终止。图中虚线表示车刀快速移动，实线则表示按指定的进给速度移动。

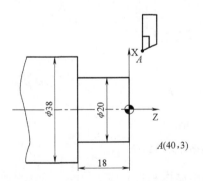

图 1-25　G90 圆柱指令加工举例

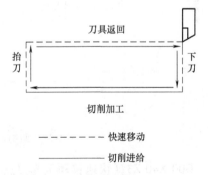

图 1-26　圆柱单次切削循环刀具路径

G00 X40 Z3；（快速移动至起刀点——切削循环起点）

G90 X35 Z–18 F0.15；（切削加工，切削深度为 2.5mm，进给速度为 0.15mm/r）

X30；（同上）

X25；（同上）

X20；（同上）

G00 X100 Z100；（快速退刀，移至安全点）

加工如图 1-27 所示的圆锥台阶轴零件，单次切削深度为 1.5mm，进给量为 0.15mm/r，编制程序入下，单次切削循环刀具路径如图 1-28 所示。刀具从循环切削起点开始做循环进给运动，返回循环切削起点终止。图中虚线表示车刀快速移动，实线则表示按指定的进给速度移动。

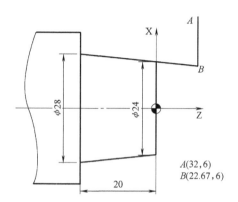

图 1-27　G90 圆锥指令加工举例

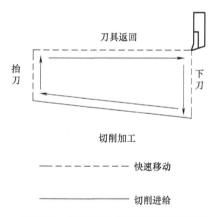

图 1-28　圆锥单次切削循环刀具路径

G00 X40 Z3；（快速移动至起刀点——切削循环起点）

G90 X37 Z-20 R-2.66 F0.15；（切削加工，切削深度为 1.5mm，进给速度为 0.15mm/r，R=（22.67-28）/2=-2.66）

X34；（同上，G90 为模态指令，部分数据可省略）

X31；（同上，G90 为模态指令，部分数据可省略）

X28；（切削至圆锥大端尺寸值，G90 为模态指令，部分数据可省略）

G00 X100 Z100；（快速退刀，移至安全点）

（2）端面/锥面切削循环指令（G94）

该指令主要用于盘套类零件的粗加工工序。

格式为

G00 X(U) α Z(W) β;

G94 X(U)_ Z(W)_ R_ F_;

其中，α、β为起点坐标，同时也是终点坐标，即从该点开始循环切削，到该点终止循环切削。通过它的切削轨迹可以看出：车削外圆时，定位点的 X 轴坐标要比毛坯外圆直径略大；车削内孔是，定位点的 X 轴坐标要比毛坯内孔直径略小，定位点的 Z 轴坐标要定位在工件外。

G94 X(U)_ Z(W) 为端面切削终点坐标值；R_ 为切削循环起点与循环终点的 Z 轴方向坐标值之差，即 R =（Z1-Z2），当 R = 0 时，为端面切削循环，R 可省略。

F_ 为切削进给速度，默认状态下单位为 mm/r，也可根据 G98（mm/min）和 G99（mm/r）进行指定。

提示：

R 值的计算要从 G94 之前的定位点的 Z 轴的绝对/增量坐标开始算起。

应用举例：

加工如图 1-29 所示的圆柱台阶轴零件，单次切削深度为 2mm，进给量为 0.15mm/r，编制程序如下，单次切削循环刀具路径如图 1-30 所示。刀具从循环切削起点开始做循环进给运动，返回循环切削起点终止。图中虚线表示车刀快速移动，实线则表示按指定的进给速度移动。

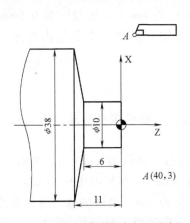
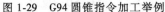

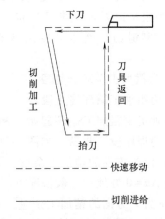

图 1-29　G94 圆锥指令加工举例　　　图 1-30　圆锥单次切削循环刀具路径

G00 X40 Z3;（快速移动至起刀点——切削循环起点）

G94 X12 Z1 R - 5 F0.15;（切削加工，切削深度为 2mm，进给速度为

0.15mm/r, R = -11-(-6) = -5)

  Z-1; (同上, G90 为模态指令, 部分数据可省略)

  Z-3; (同上, G90 为模态指令, 部分数据可省略)

  Z-5; (同上, G90 为模态指令, 部分数据可省略)

  Z-6; (切削至零件尺寸值, G90 为模态指令, 部分数据可省略)

  G00 X100 Z100; (快速退刀, 移至安全点)

2. 复合固定循环

(1) 外径粗车固定循环 (G71)

外径粗车固定循环 G71 适合加工棒料, 去除大量多余材料后, 使工件达到图样的尺寸要求。

格式为

G00 X(U) α Z(W) β;

G71 U(Δd) R(e);

G71 P(ns) Q(nf) U(Δu) W(Δw) F_;

N ns G00/G01 X(U)_ F_;

……;

……;

Nnf……;

其中, α、β 表示粗车切削循环起点坐标, 也是粗车切削循环终点坐标。

Δd 为粗车时 X 方向单次的背吃刀量, 半径指定, 无符号, 单位为 mm。该值也可以由参数 No.5132 设定, 参数设定的值由程序指令改变。

e 为粗车退刀量, 半径指定, 无符号, 单位为 mm, 一般设定为 0.5mm 左右, 以 45°退刀。该值可以由参数 No.5133 设定, 参数设定的值由程序指令改变。

ns 为粗加工循环起始段。

nf 为粗加工循环终止段。

必须指定粗加工循环起始段和循环终止段, 否则机床会出现 "未找到指定顺序号的程序段" 报警, 如图 1-31 所示。

Δu 为 X 方向的精加工余量, 直径值, 有符号, 单位为 mm, 当缺省输入时, 系统按 $\Delta u = 0$ 处理。一般情况下, 车削外圆时 $\Delta u \geqslant 0$, 车削内孔时 $\Delta u \leqslant 0$。

Δw 为 Z 方向的精加工余量, 有符号, 单位为 mm, 当缺省输入时, 系统按 $\Delta w = 0$ 处理。当精加工轨迹是从尾座向卡盘方向车削时, $\Delta w \geqslant 0$; 反之, $\Delta w \leqslant 0$。

F_ 为切削进给速度, 默认状态下单位为 mm/r, 也可根据 G98 (mm/min) 和 G99 (mm/r) 进行指定。

使用 G71 指令时, 系统根据 G00 X(U) α Z(W) β; 的定位点, 粗加工路线

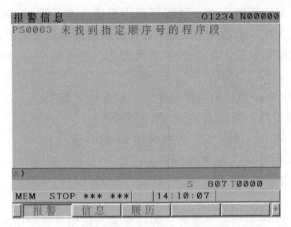

图 1-31 "未找到指定顺序号的程序段"报警

Nns～Nnf 之间的程序段群的形状轨迹，背吃刀量和进刀、退刀量等参数自动计算粗加工路线，沿着与 Z 轴平行的方向进行切削，适合加工棒料，该功能在切削工件时刀具路径如图 1-32 所示，刀具逐渐进给，使切削轨迹逐渐向零件最终形状靠近，并最终切削成工件的形状。

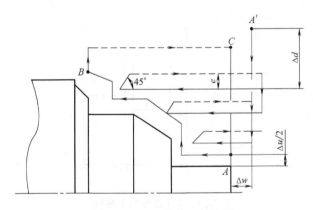

图 1-32 G71 指令刀具路径

提示：

1）Nns～Nnf 程序段可不必紧跟在 G71 程序段后编写，系统能自动搜索到 Nns 程序段并执行，但完成 G71 指令后，会接着执行紧跟 Nnf 程序段的下一段程序；在同一个程序里 Nns、Nnf 程序段号不能重复，否则会搜索错误。

2）在 G71 循环中，G71 程序段或以前指令的 F、S、T 有效，顺序号 Nns～Nnf 间程序段中的 F 只对 G70 指令循环有效。

3）在带有 G96 恒线速度控制指令时，在 A 至 B 间移动时，指令中的 G96 或 G97 无效；包含在 G71 指令 Nns～Nnf 程序段中的或 G71 以前程序段的 G97 指令有效。

4) 在 A 至 A′间顺序号 Nns 的程序段中只能含有 G00 或 G01 指令,而且必须指定,也不能含有 Z 轴指令。X 轴、Z 轴必须都是单调增大或减小,即一直增大、一直减小或保持不变;若 X 轴非单调变化,粗车最后一刀时可能会导致刀具破损。

5) 在顺序号 Nns~Nnf 的程序段中,不能有以下指令:

① 除 G04 (暂停) 外的其他 00 组 G 指令;

② 除 G00、G01、G02、G03 外的其他 01 组 G 指令;

③ 子程序调用指令 (如 M98/M99);

④ 06 组 G 指令。

应用举例:

加工如图 1-33 所示的轴类零件,程序要求,粗加工单次切削深度为 1.5mm,进给量为 0.15mm/r,粗加工后给精加工 X 轴余量留 0.5mm,粗加工后给精加工 Z 轴余量留 0.1mm。

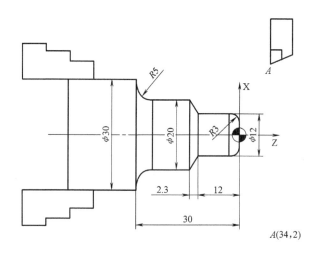

图 1-33   G71 指令加工举例

G00 X34 Z2;(快速移动至起刀点——切削循环起点)

G71 U1.5 R0.5;(粗加工单次切削深度为 1.5mm,退刀量为 0.5mm)

G71 P10 Q20 U0.5 W0.1 F0.15;(G71 指令格式,按编程要求留余量)

N10 G01 X6 F0.15;(N10 循环切削程序开始段)

Z0;

G03 X12 Z-3 R3;

G01 Z-12;

X20 Z-14.3;

Z-25；

G02X30 Z-30 R5；

N20 G01 X34；（N20 循环切削程序结束段）

G00 X100 Z100；（快速退刀，移至安全点）

（2）径向粗车循环指令（G72）

该指令适合加工盘类工件，即直径变化量或轴向变化量较大的工件。

格式为

G00 X(U) $\underline{\alpha}$ Z(W) $\underline{\beta}$；

G72 W(Δd) R(e)F_；

G72 P(ns) Q(nf) U(Δu) W(Δw)；

Nns G00/G01 Z(W)_；

……；

……；

Nnf……；

其中，α、β 表示粗车切削循环起点坐标，也是粗车切削循环终点坐标。

Δd 为粗车时 Z 轴方向单次的切入深度，半径指定，无符号，单位为 mm。该值可以由参数 No. 5132 设定，参数设定的值由程序指令改变。

e、ns、nf、Δu、Δw、F 和它们在 G71 中的意义相同。

在指令执行过程中，除了切削是平行于 X 轴方向外，与 G71 完全相同，刀具路径如图 1-34 所示。

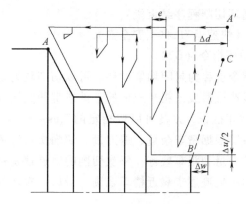

图 1-34　G72 指令端面粗车刀具路径

应用举例：

加工如图 1-35 所示的轴类零件，程序要求，粗加工单次 Z 向切削深度为 1.5mm，进给量为 0.15mm/r，粗加工后给精加工 X 轴余量留 0.5mm，粗加工后给精加工 Z 轴余量留 0.1mm。

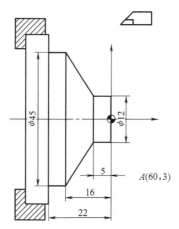

图 1-35   G72 指令加工举例

G00 X60 Z3;（快速移动至起刀点——切削循环起点）

G72 W1.5 R0.5;（粗加工单次切削深度为 1.5mm,退刀量为 0.5mm）

G72 P10 Q20 U0.5 W0.1 F0.15;（G71 指令格式,按编程要求留余量）

N10 G01 Z-22 F0.15;

X45;（N10 循环切削程序开始段）

Z-16;

X12;

Z-5

N20 Z3;（N20 循环切削程序结束段）

G00 X100 Z100;（快速退刀,移至安全点）

（3）仿形切削循环指令（G73）

仿形切削循环指令也称为封闭切削循环。可以切削较为复杂的图形。主要用于切削铸造成形、锻造成形或已粗车成形的工件或带凹圆弧的回转体零件。

利用 G73 封闭循环指令,刀具可以按指定的 Nns～Nnf 程序段给出的同一轨迹进行重复切削。系统根据精车余量、退刀量、切削次数等数据自动计算粗车偏移量、粗车的单次进刀量和粗车轨迹,每次切削的轨迹都是精车轨迹的偏移,刀具向前移动一次,切削轨迹逐步靠近精车轨迹,最后一次切削轨迹为按精车余量偏移的精车轨迹。

格式为

G00 X(U) $\underline{\alpha}$ Z(W) $\underline{\beta}$;

G73 U(Δi) W(Δk) R(d);

G73 P(ns) Q(nf) U(Δu) W(Δw) F_;

Nns G00/G01 X(U)_ Z(W)_;

……;

……;

Nnf……;

其中，α、β 表示粗车切削循环起点坐标，也是粗车切削循环终点坐标。

Δi 为 X 轴方向粗车退刀的距离及方向，半径指定，有符号，单位为 mm，通常情况下该值为粗车切削循环起点 X 坐标值与编程车削轮廓 X 坐标最小值之差的 1/2。

Δk 为 Z 轴方向粗车退刀距离及方向，有符号，单位为 mm。

d 为仿形切削粗车的次数，单位为次（数值不可为小数）。可根据该数值判断出粗车时的背吃刀量，即背吃刀量 $=\Delta i / d$。

ns 为粗加工循环起始段。

nf 为粗加工循环终止段。

必须指定粗加工循环起始段和循环终止段，否则机床会出现"未找到指定顺序号的程序段"报警。如图 1-36 所示。

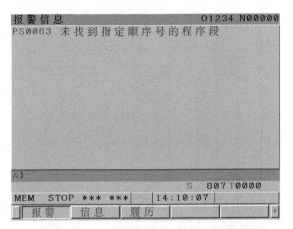

图 1-36 "未找到指定顺序号的程序段"报警

Δu 为 X 轴方向的精加工余量，单位为 mm，直径值，有符号。缺省输入时，系统按 $\Delta u = 0$ 处理。在一般情况下，车削外圆时 $\Delta u \geqslant 0$；车削内孔时 $\Delta u \leqslant 0$。

Δw 为 Z 轴方向的精加工余量，单位为 mm，有符号。缺省输入时，系统按 $\Delta w = 0$ 处理。当精加工轨迹是从尾座向卡盘方向车削时，$\Delta w \geqslant 0$；反之，$\Delta w \leqslant 0$。

G73 指令刀具路径如图 1-37 所示。

提示：

除 Nns 程序段只能是 G00、G01 指令，但 X 轴、Z 轴可以两轴联动这点之外，其他注意事项和 G71 指令基本一致。

应用举例：

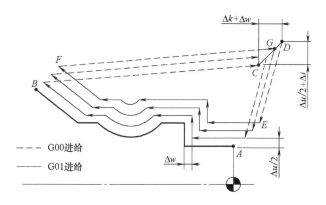

图 1-37   G73 指令刀具路径

加工如图 1-38 所示的凹弧类零件，毛坯直径为 34mm，程序要求粗加工分次进行切削，进给量为 0.15mm/r，粗加工后给精加工 X 轴余量留 0.5mm，粗加工后给精加工 Z 轴余量留 0.3mm。

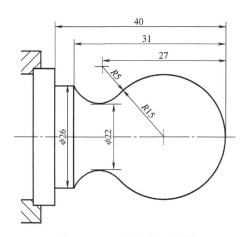

图 1-38   G73 指令加工举例

G00 X36 Z2；（快速移动至起刀点——切削循环起点）

G73 U18 W18 R18；（粗加工分 18 次切削，每次切削 2mm）

G71 P10 Q20 U0. 5 W0. 3 F0. 15；（G73 指令格式，按编程要求留余量）

N10 G01 X0 F0. 15；（N10 循环切削程序开始段）

Z0；

G03 X24 Z-23. 28 R15；

G02 X26 Z-31 R5；

G01 Z-40；

N20 G01 X36;（N20 循环切削程序结束段）

G00 X100 Z100;（快速退刀,移至安全点）

（4）精车循环指令（G70）

格式为 G70Pns Qnf;

该指令用在 G71、G72、G73 粗车程序后,实现粗车后的精加工。

提示:

1）在 G71、G72、G73 程序段中规定的 F、S、T 功能无效。

2）当 G70 循环加工结束时,刀具返回到起点并读取下一个程序段。

3）G70 指令在 Nns～Nnf 之间的程序段不能调用子程序。

（5）内径/外径切槽循环指令（G75）

格式为

G00 X(U)$\underline{\alpha}$ Z(W)$\underline{\beta}$;

G75 R(e);

G75 X(U)_ Z(W)_ P(Δi) Q(Δk) R(Δd) F_;

其中,α、β 表示粗车切削循环起点坐标,也是粗车切削循环终点坐标。

R(e) 为每次切削终点 X 向的绝对坐标值,单位为 mm。

X(U) 为在直径方向,切削终点与起点的绝对（增量）坐标的差值,单位为 mm。

Z(W) 为在轴向上,切削终点 Z 向的绝对（增量）坐标值,单位为 mm。

P(Δi) 为在 X 向的单次循环的切削量,单位为 μm,无符号,半径值。

Q(Δk) 为在 Z 向的单次切削的进刀量,单位为 μm,无符号。

R(Δd) 为切削到径向（X 向）切削终点时,沿 Z 向的退刀量,单位为 mm,当省略 Z(W) 和 Q(Δd) 时,则视为 0。

F 为切削进给速度。

G75 的轴向进刀和径向进刀方向由切削终点 X（U）、Z（W）与起点的相对位置决定,此指令用于加工径向环形槽或圆柱面,径向断续切削起到断屑和及时排屑的作用。走刀轨迹如图 1-39 所示。

提示:

该指令等同于多个 G01 切削指令的切削宽槽的简化编程。

应用举例:

加工如图 1-40 所示的宽槽零件,程序要求,粗加工单次 X 向切削深度为 3mm,Z 向移动 2.5mm,进给量为 0.08mm/r,粗加工后给精加工 X 轴余量留 0.5mm。

O0001;（程序名）

T0101;（切槽刀,刀宽为 3mm）

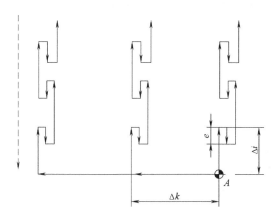

图 1-39　G75 指令走刀轨迹

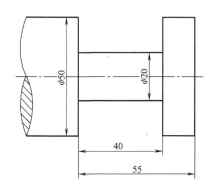

图 1-40　G75 指令宽槽加工举例

M03 S450;（主轴转速为 450r/min）

G00 X52 Z-18;（循环定位点）

G75 R0.5;（粗加工时在 X 方向预留 0.5mm）

G75 X20 Z-55 P3000 Q2500 F0.08;（切削至尺寸,每次切削 X 向 3000μm,Z 向 2500μm）

G00 X100 Z100;（退刀）

M05;

M30;

（6）螺纹切削（G32、G92）

螺纹加工编程指令可分为单段车削螺纹加工指令（G32）和单一循环车削螺纹指令（G92）

G32 指令：加工螺纹实现的是一刀切削，在加工螺纹时进刀、退刀需用 G00

或 G01 指令控制，由操作者编程给定。

　　G92 指令：可实现从螺纹加工的切入→切削→退刀→返回的一系列动作，无须 G00、G01 指令来控制加工时的进刀、退刀，切削完毕后刀具自动回到螺纹加工的起刀点。螺纹尺寸代号及进刀量见表 1-3。

表 1-3　螺纹尺寸代号及进刀量计算

米制螺纹							
螺距/mm	1.0	1.5	2	2.5	3	3.5	4
牙深(半径量)/mm	0.649	0.974	1.299	1.624	1.949	2.273	2.598
切削次数及吃量(直径量)/mm　1次	0.7	0.8	0.9	1.0	1.2	1.5	1.5
2次	0.4	0.6	0.6	0.7	0.7	0.7	0.8
3次	0.2	0.4	0.6	0.6	0.6	0.6	0.6
4次		0.16	0.4	0.4	0.4	0.6	0.6
5次		0.1	0.4	0.4	0.4	0.4	
6次			0.15	0.4	0.4	0.4	
7次				0.2	0.2	0.4	
8次					0.15	0.3	
9次						0.2	

英制螺纹							
每英寸牙数	24	18	16	14	12	10	8
牙深(半径量)/mm	0.678	0.904	1.016	1.162	1.355	1.626	2.033
切削次数及吃刀量(直径量)/mm　1次	0.8	0.8	0.8	0.8	0.9	1.0	1.2
2次	0.4	0.6	0.6	0.6	0.6	0.7	0.7
3次	0.16	0.3	0.5	0.5	0.6	0.6	0.6
4次		0.11	0.14	0.3	0.4	0.4	0.5
5次				0.13	0.21	0.4	0.5
6次						0.16	0.4
7次							0.17

提示：

　　在实际加工中可不需要根据这个螺纹切削进刀量来确定进刀量，只要保证螺纹底经尺寸即可。

　　螺纹底径＝公称直径−1.1~1.3×螺距。

　　圆柱面螺纹格式为

　　G32 X_　Z_　F_　；

G92 X_ Z_ F_ ；（循环指令）

其中，X、Z 为终点坐标。F 为 Z 轴方向的螺纹导程。

G92 指令刀具路径如图 1-41 所示。

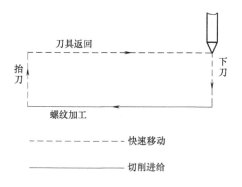

图 1-41   G92 指令刀具路径

应用举例：

加工如图 1-42 所示的 M24×1.5 圆柱单头螺纹，程序要求，进刀量见表 1-5。

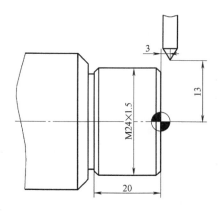

图 1-42   圆柱单头螺纹加工举例

G00 X26 Z3；（快速移动至起刀点——切削循环起点）

G92 X24 Z-22 F1.5；（螺纹切削功能指令，螺距为 1.5mm）

X23.02；（同上，模态指令部分语句可省）

X22.22；（同上，模态指令部分语句可省）

X21.60；（同上，模态指令部分语句可省）

X21.33；（同上，模态指令部分语句可省）

X21.2；（同上，模态指令部分语句可省）

G00 X100 Z100；（快速退刀，移至安全点）

1.4.6　综合编程题

加工螺纹轴零件，毛坯直径为 35mm。切削刀具选用主偏角为 93°的外圆车刀、3mm 切断刀和外螺纹车刀，选取合理的切削参数，按照图样要求编制数控加工程序。选取合适量具进行测量（选取 0～150mm 精度为 0.02mm 的游标卡尺，25～50mm 千分尺，M20×2-6g 螺纹环规）使零件精度符合图样要求。螺纹轴如图 1-43 所示。

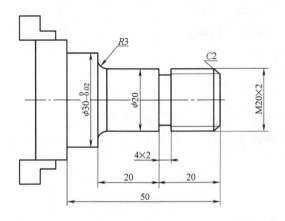

图 1-43　螺纹轴

O0001；

M03 S800；（粗加工转速）

T0101；（93°外圆车刀—粗）

G00 X37 Z2；

G71 U1.5 R0.5；

G71 P10 Q20 U0.5 W0.1 F0.2；

N10 G01 X15 F0.1；

Z0.5；

X20 Z-2；

Z-40；

G02 X26 Z-43 R3；

G01 X30；

X-50；

N20 G01 X37；

G00 X100 Z100；

M05；

M00；（程序暂停，便于测量）

M03 S1200；（粗加工转速）

T0202；（93°外圆车刀—精）

G00 X37 Z2；

G70 P10 Q20；

G00 X100 Z100；

M05；

M00；（程序暂停，便于测量）

M03 S450；（切槽加工转速）

T0303；（3mm 槽刀）

G00 X32 Z2；

Z-19；

G01 X16 F0.08；

G04 X0.1；（暂停 0.1s）

G01 X22；

G01 Z-20；

X16；

G04 X0.1；（暂停 0.1s）

G01 X32；

G00 X100 Z100；

M05；

M00；（程序暂停，便于测量）

M03 S450；（螺纹加工转速）

T0404；（螺纹车刀）

G00 X22 Z2；

G92 X20 Z-18 F2；

X18.7；

X17.8；

X17.2；

X16.6；

X16.2；

X16.1；

G00 X100 Z100；

M05；

M30；（程序停止）

1.5　宏程序编程图解与分析

1.5.1　宏程序基础知识

在数控车床编程中，宏程序不仅可以实现类似子程序的功能，对编制相同加工操作的程序非常有用，还可以完成子程序无法实现的特殊功能，例如：系列零件（图形一样，尺寸不同的零件；工艺路径一样，位置不同的零件）加工宏程序、椭圆加工宏程序、抛物线加工宏程序，以及双曲线加工宏程序等。

数控宏程序编程，是用变量的方式进行数控编程的方法。数控宏程序分为 A 类和 B 类宏程序，其中 A 类宏程序比较老，编写起来也比较费时费力，B 类宏程序类似于 C 语言的编程，编写起来也很方便。不论是 A 类还 B 类宏程序，它们运行的效果都是一样的。下面介绍 B 类宏程序的基础知识。

1. 宏程序变量的类型

FANUC 数控系统宏程序变量根据其变量类型划分为空变量、局部变量、公共变量和系统变量等，每个类型的变量有一定范围的变量地址，具体见表 1-4。

表 1-4　宏程序变量的类型

变量类型	变量地址	变量功能
空变量	#0	该变量总是空或没有值能赋给该变量
局部变量	#1～#33	局部变量只能用在宏程序中存储数据，例如：运算结果；当断电、局部变量被初始化为空或调用宏程序时，自变量对局部变量赋值
公共变量	#100～#199 #500～#999	公共变量在不同的宏程序中的意义相同。当断电时，变量#100～#199 初始化为空，而变量#500～#999 的数据断电仍保存
系统变量	#1000～#5335	系统变量用于读和写 CNC 运行时各种数据的变化，例如刀具的当前位置和补偿值等

2. 宏程序变量的表达

数控加工程序直接用数值指定 G 代码和坐标数值。例如，G01 X100 Z100 F0.3。使用宏程序时，数值可以用变量或变量运算式指定。当数值用变量指定时直接跟变量号的地址即可，例如 G01 X#1 Z#2 F0.3；当数值用表达式指定时，要把表达式放在括号中。例如 G01 X［#1+#2］Z［#3+#4］F0.3；

改变引用变量的值的符号，要把负号 "－" 放在#的前面。例如 G01 X-#1 Z#2 F0.3；或 G01 X［#1+#2］Z-［#3+#4］F0.3；

3. 宏程序变量的算术与逻辑运算

宏程序的变量除了简单赋值外，还可以用于变量的算术以及变量的逻辑运算，通过变量的计算实现特殊轨迹的程序编制。

宏程序运算式的左边可以是常数、变量、函数、计算式。运算式右边为变量号、运算式等。常见的算术和逻辑运算表见表 1-5。

表 1-5　常见的算术和逻辑运算表

功能	格式	备注
赋值	#I = #j	—
加	#I = #j+#k	
减	#I = #j−#k	
乘	#I = #j * #k	—
除	#I = #j/#k	
正弦	#I = SIN[#j]	
余弦	#I = COS[#j]	角度的单位为（°），如：9°30′应表示为 9.5°
正切	#I = TAN[#j]	
反正切	#I = ATAN[#j]	
平方根	#I = SQRT[#j]	
绝对值	#I = ABS[#j]	—
四舍五入圆整	#I = ROUND[#j]	
或	#I = #J OR #k	
或异	#I = #J XOR #k	逻辑运算对二进制数逐位进行
与	#I = #J AND #k	

注：运算的优先顺序。运算的优先顺序为：函数，乘除，逻辑与，加减，逻辑或，逻辑异或。

1.5.2　宏程序常见跳转、循环指令

规则曲线、规则三维体都是按照一定函数关系表达出来的，为了利用函数式将变量进行重新赋值计算，系统通过赋值后变量条件式进行判别或运算，为了简化程序的需要，利用跳转语句、循环语句来实现该功能。

1. 无条件跳转指令

格式为 GOTO n；

其中，n 为程序段号（1~9999），也可用变量表示。例如：

GOTO 1；

GOTO #10；

2. 条件跳转 IF 指令

格式为 IF［条件式］GOTO n;

如果条件成立，程序跳转到段号为 n 的程序段，否则按程序顺序执行下一个程序段。程序段号 n 可以由变量或表达式替代。

例如：IF［#1 GT 10］GOTO 2;

如果变量#1 的值大于 10，跳转到程序段号为 2 的程序段。数控宏程序中常见条件式见表 1-6。

表 1-6　宏程序常见条件式

条件式	含义	条件式	含义	条件式	含义
#j EQ #k	#j=#k	#j GT #k	#j>#k	#j GE #k	#j≥#k
#j NE #k	#j≠#k	#j LT #k	#j<#k	#j LE #k	#j≤#k

3. WHILE 循环指令

格式为 WHILE［条件式］DO m;（m=1、2、3……）

……;

END m;

当条件式成立时，执行 WHILE 之后的 DO m 到 END m 间的程序，经过一次运算后当条件式判断还继续成立时，程序段 DO m 至 END m 重复执行，直至条件式不成立，执行 END m 语句的下一个程序段。

当条件式不成立时，执行 END m 语句的下一个程序段。

注：如果 WHILE［条件式］部分被省略，则程序段 DO m 至 END m 的语句将一直重复执行。

m 为循环执行范围的识别号，只能是整数（1、2、3……）且按顺序编制，否则系统报警。

1.5.3　宏程序常见曲线方程

规则的曲线，如椭圆、抛物线、双曲线均可在数控车床上完成切削。编制椭圆、抛物线、双曲线的数控宏程序必须先扎实地掌握规则曲线的方程式，根据方程式定义变量，编写函数式，选择跳转、循环指令。数控车床常见的曲线函数表达式见表 1-7。

表 1-7　数控车床常见的曲线函数表达式

曲线类型	标准方程式	可转化方程式
椭圆	$\frac{x^2}{a^2}+\frac{z^2}{b^2}=1$	$X=b*SIN[\theta]$ $Z=a*COS[\theta]$

（续）

曲线类型	标准方程式	可转化方程式
抛物线	$x^2 = \pm 2pz$	$Z = \pm X^2/2P$
	$z^2 = \pm 2px$	$X = \pm Z^2/2P$
双曲线	$\dfrac{x^2}{a^2} - \dfrac{z^2}{b^2} = 1$	$x = \pm \dfrac{a\sqrt{z^2+b^2}}{b}$ $X = a/COS[\theta]$ $Z = b*TAN[\theta]$
	$\dfrac{z^2}{a^2} - \dfrac{x^2}{b^2} = 1$	$z = \pm \dfrac{a\sqrt{x^2+b^2}}{b}$ $X = b/TAN[\theta]$ $Z = a/SIN[\theta]$

1.5.4 宏程序流程图编制分析

在编制宏程序前一般都需制订一个合理规范的流程图，以便宏程序编制的合理性及有效性。运用流程图编写用户宏程序的一般步骤为：①分析零件结构，确定宏程序加工常量；②将曲线函数表达式中涉及的变量类型和变量数量进行定义；③根据零件分析编写曲线函数表达式，用于系统根据变量自动计算编程坐标值；④根据加工精度要求设定自变量的增量值；⑤选择合理的跳转、循环指令，判断是否到达终点坐标值。

数控车床中常见的以 $\dfrac{x^2}{a^2} + \dfrac{z^2}{b^2} = 1$ 椭圆曲线函数表达式为例的宏程序编制流程图如图 1-44 所示。

数控车床中常见的以 $X^2 = \pm 2PZ$ 抛物线函数表达式为例的宏程序编制流程图如图 1-45 所示。

数控车床中常见的以 $\dfrac{x^2}{a^2} - \dfrac{y^2}{b^2} = 1$ 双曲线函数表达式为例的宏程序编制流程图如图 1-46 所示。

1.5.5 宏程序编程实例

以车削深凹形轴类零件为例，从零件分析、宏程序流程图编制、宏程序编写等方面进行宏程序编程实例的讲解，深凹形轴类零件如图 1-47 所示。

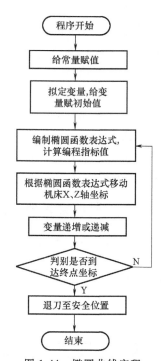

图 1-44 椭圆曲线宏程序编制流程图

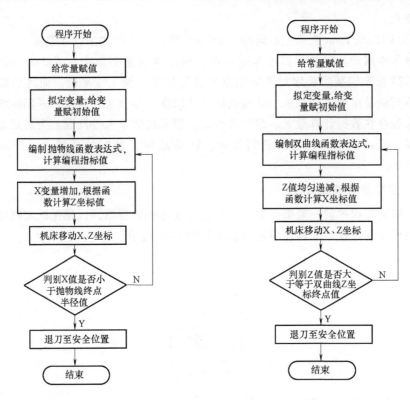

图 1-45 抛物线宏程序编制流程图   图 1-46 双曲线宏程序编制流程图

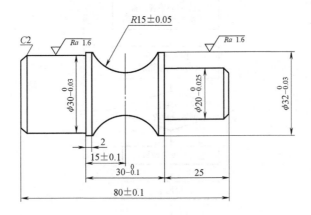

图 1-47 深凹形轴类零件

1. 零件分析

1）$R15\pm0.1$mm 圆弧精度，该圆弧在车削过程中极易出现过切，达不到加工精度要求。

2）R15±0.1mm 圆弧左右对称，φ30mm 圆柱对称性加工存在难度。

该零件属于典型的深凹形车削零件，加工难点主要集中在 R15mm 圆弧处，采用 G73 指令编制的程序加工切削空刀次数较多，加工效率低，而且切削参数设置不当极易出现过切现象，从而破坏尺寸精度，导致工件报废。采用传统单一逐点编程存在数据计算量大、编程效率低、编程出错率大等问题。为满足企业生产所需，需对该零件的程序进行优化，在满足加工精度的基础上，提高加工效率。

2. 宏程序编程流程设计

在编制宏程序前一般都需制订一个合理规范的流程图，以便保证宏程序编制的合理性及有效性。宏程序编制流程图如图 1-48 所示。

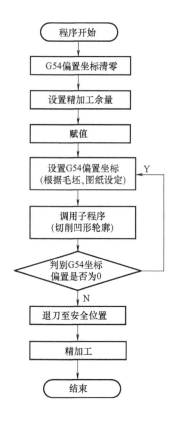

图 1-48　宏程序编制流程图

3. 优化车削凹形轮廓程序的编制

根据宏程序流程图，利用 G10 L2 P0 X［IP］设定精加工余量值，利用 G10 L2 P1 X［IP］通过变量改变 G54 偏置坐标值实现渐近车削凹形轮廓效果。优化后车削凹形轮廓程序如下：

O9001；（主程序）

#1＝16；（设置 X 方向总退刀量为 16mm）

#2＝35；（毛坯直径尺寸为 35mm）

#3＝3；（每次切削 3mm）

#4＝0.5；（精加工余量为 0.5mm）

#5＝0002；（子程序号）

G10 L2 P0 X#4 Z0.2；（设置精加工 X 余量为 0.5mm，Z 余量为 0.2mm）

G10 L2 P1 X0 Z0；（G54 偏置坐标数值清零）

T0101；（选择加工刀具）

M03 S800；（主轴转速为 800r/min）

F0.15；（粗加工进给速度为 0.15mm/r）

N10 G10 L2 P1 X#1；（G54 偏置坐标 X 方向数值）

G54；

G00 X#2 Z2；（定位）

M98 P#5；（调用轮廓切削程序）

#1＝#1－#3；（每次切削 3mm（直径））

G00X#2 Z2；（退刀至切削循环起始点）

IF［#4EQ0］GOTO20；

IF［#1GE0］GOTO10；（判别当 G54 偏置坐标 X 方向数值大于等于 0 时，继续执行轮廓加工）

G00 X100 Z100；（快速移动至安全位置）

M05；（主轴暂停）

M00；（程序暂定，便于测量）

T0101；（选择加工刀具）

M03 S1200；（主轴转速为 1200r/min）

#5＝0；（精加工余量为 0）

G10 L2 P0 X#5 Z0；（设置精加工 X 余量为 0，Z 余量为 0）

G54；

F0.1；（精加工进给 0.1mm/r）

IF［#5EQ0］GOTO10；（执行精加工）

N20 G00 X100 Z100；（快速移动至安全位置）

M05；（主轴转速暂停）

M30；（程序结束）

  调用子程序段 O0002：

O0002；（子程序）

G01 X20；

Z0；

X24 Z-2；

Z-25；

X32；

Z-27；

G02 X32 W-24 R15；

G01 W-3；

M99；

自测题：

1. 数控车床根据控制分类有哪些？主要适用于那些场合？

2. 试分析 MDI（手动数据输入）模式下运行程序与 EDIT（编辑）、AUTO（自动）模式下运行程序的区别。

3. 试编制加工双头螺纹 M24×2 的程序。

第  章

数控车床刀具的选择与结构分析

数控车床的刀具主要由刀杆、刀片、刀辅具等组成。目前数控车床的刀杆已经标准化、模块化，刀片也采用可转位刀片，一般情况下不需要操作者自行刃磨。此时正确选择数控车床刀具、正确安装数控车床刀具、选用合理切削用量对于数控加工而言就变得至关重要。

2.1 刀具的结构类型

数控车床刀具种类繁多，每种刀具都具有特定的功能。根据实际产品选取合理的刀具是数控车床编程、加工的重要环节。因此对于数控车床刀具的知识需要做一个全面的了解。在数控车床上使用的刀具有外圆车刀、钻头、镗刀、切断刀、螺纹车刀等，常见刀具如图 2-1 所示。

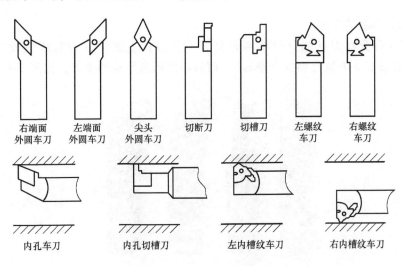

右端面　左端面　尖头　切断刀　切槽刀　左螺纹　右螺纹
外圆车刀　外圆车刀　外圆车刀　　　　　　　车刀　车刀

内孔车刀　　内孔切槽刀　　左内槽纹车刀　　右内槽纹车刀

图 2-1　数控车床常见刀具

根据机床刀架型号不同，通常数控车床刀具尺寸分为 20mm×20mm、15mm×15mm、25mm×25mm、30mm×30mm 等规格，常见的是 20mm×20mm 规格。

2.1.1　刀具的分类

1. 车床刀具按结构分类

按照车床刀具的结构可分为整体式车刀、焊接式车刀、可转位车刀、模块式车刀等。

（1）整体式车刀

刀头部分和刀杆部分均为同一种材料。用作整体式车刀的刀具材料一般是高速钢，如图2-2所示。由于每次刃磨所得的刀尖位置都不能保证精确，切削效率也不高，所以在数控车削中使用较少。

图2-2　高速钢整体车刀

（2）焊接式车刀

刀头部分和刀杆部分分属两种材料，即刀杆上镶焊一种材质较硬的材料（硬质合金、立方氮化硼或金刚石），而后经刃磨所形成的车刀，如图2-3所示。

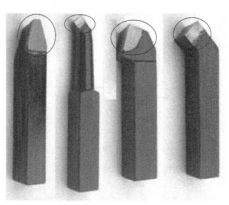

图2-3　焊接式车刀

（3）可转位车刀

可转位车刀是数控车削中最常见的刀具，它是将能转位使用的多边形刀片用机械方法夹固在刀杆或刀体上的刀具，如图 2-4 所示。多数可转位刀具的刀片采用硬质合金、陶瓷、多晶立方氮化硼或多晶金刚石等制成。在车削加工中，当一个刃尖磨钝后，将刀片转位后使用另外的刃尖，这种刀片用钝后不再重磨。

图 2-4 可转位车刀

2. 可转位车刀按结构形式分类

（1）杠杆式

杠杆式可转位车刀见图 2-5，由杠杆、螺钉、刀垫、刀垫销、刀片所组成。该类刀具可依靠螺钉旋紧压靠杠杆，由杠杆的力压紧刀片从而达到夹紧的要求。

该种类型刀具有以下特点：

1）适合各种正、负前角的刀片，通常有效的前角范围为-60°～180°。

2）切屑可无阻碍地流过，切削热不影响螺孔和杠杆。

3）两面槽壁给刀片有力的支撑，并确保转位精度。

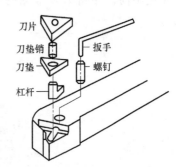

（2）楔块式

楔块式可转位车刀如图 2-6 所示，由紧定螺钉、刀垫、销、楔块、刀片所组成。该类刀具可

图 2-5 杠杆式可转位车刀

依靠销与楔块的挤压力将刀片紧固。该种类型刀具有以下特点：

适合各种负前角刀片，有效前角的变化范围为-60°～180°；两面无槽壁，便于仿形切削或倒转操作时留有间隙。

（3）楔块夹紧式

楔块夹紧式可转位车刀见图 2-7，由紧定螺钉、刀垫、销、压紧楔块、刀片所组成。该类刀具可依靠销与楔块的压下力将刀片夹紧。

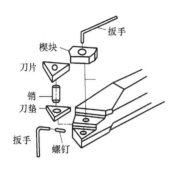

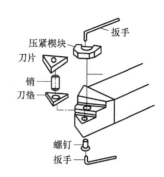

图 2-6　楔块式可转位车刀　　　　图 2-7　楔块夹紧式可转位车刀

该种类型刀具的特点同楔块式，但切屑流畅程度不如楔块式。

3. 车床刀具按功能分类

（1）外圆车刀

主要用于车削零件外轮廓，按进给方向不同可分为左偏刀和右偏刀两种，一般常用右偏刀，如图 2-8 所示。右偏刀由右向左进给，用来车削工件的外圆、端面和右台阶。它主偏角较大，车削外圆时作用于工件的径向力小，不易出现将工件顶弯的现象，一般用于半精加工。左偏刀由左向右进给，用于车削工件外圆和左台阶，也用于车削外径较大而长度短的零件（盘类零件）的端面。根据主偏角角度不同，外圆车刀常见的分类为 90°外圆车刀、75°外圆车刀、45°外圆车刀等。

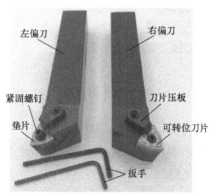

图 2-8　外圆车刀

（2）内孔车刀

主要用于零件毛坯经预钻孔后车削内轮廓，通常称其为内孔镗刀或内孔车刀，如图 2-9 所示。内孔车刀的刀杆受孔径的约束，刀杆尺寸相比外圆车刀要小，为保证刀尖略高于工件回转中心，使用时通常与内孔车刀座相配使用，内孔车刀座如图 2-10 所示。

图 2-9　内孔车刀

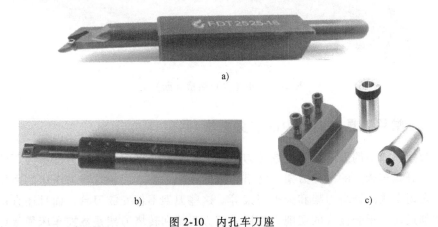

a)

b)　　　　　　　　　　　　　　　　c)

图 2-10　内孔车刀座

（3）螺纹车刀

用来在车削加工机床上进行螺纹的切削加工的刀具，按进给方向不同分为左偏刀和右偏刀两种，一般常用右偏刀，如图 2-11 所示。

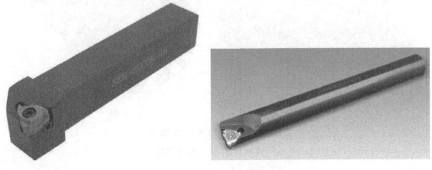

图 2-11　外（内）螺纹车刀

根据切削位置可以分为外螺纹车刀和内螺纹车刀。外螺纹车刀刀杆规格常见的是 20mm×20mm，内螺纹车刀刀杆规格也受孔径限制，通常也需要借助内孔车刀座进行装夹。

（4）切槽（断）刀

用来在零件上车削退刀槽或者切断工件的刀具，根据切削位置可以分为外切槽（断）刀和内切槽（断）刀，如图 2-12 所示。外切槽（断）刀刀杆规格常见的是 20mm×20mm，内切槽（断）刀刀杆规格也受孔径限制，通常也需要借助内孔车刀座进行装夹。

图 2-12 外（内）切槽（断）刀

2.1.2 常用刀具在刀架中的装夹方法

数控车床上的刀架是安放数控刀具的重要部件，许多刀架还直接参与切削运动，如卧式车床上的四方刀架，转塔车床的转塔刀架，回轮式转塔车床的回轮刀架，自动车床的转塔刀架和天平刀架等。这些刀架不仅安放刀具，而且还直接参与切削运动，承受极大的切削力作用。四方刀架和转塔刀架是数控车床最常见的刀架，如图 2-13 所示。

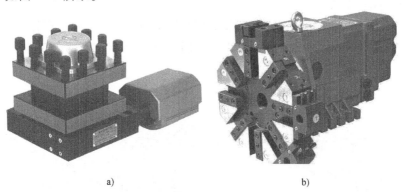

a)   b)

图 2-13 数控车床刀架

a）四方刀架 b）转塔刀架

数控车床的刀具通常都是安装在刀架上，由机床的 X 轴和 Z 轴伺服电动机带动刀架根据程序轨迹完成工件轮廓的加工。刀具安装不合理将导致切削振动和工件尺寸不稳定等问题。下面以刀具安装在四方刀架上为例进行图解说明。

1. 外圆车刀在刀架中的安装

一般而言，外圆车刀安装到刀架上时需遵循以下原则：

1）车刀装夹在刀架上的伸出长度要尽可能短些，以增加车刀的刚性。车刀伸出长度为刀柄厚度的 1~1.5 倍，如图 2-14 所示。

a)　　　　　　　　　　　　　b)

图 2-14　外圆车刀靠近刀架安装

a) 正确　b) 错误

2）车刀刀尖与工件轴线等高安装（或略高）。可转位车刀刀杆已标准化，直接装到刀架中即可保证车刀刀尖与工件轴线等高，如需将车刀刀尖略高于工件轴线，只需要垫 0.5mm 厚度垫刀片即可，如图 2-15 所示。

3）如无特殊情况，车刀刀杆轴线与工件轴线垂直安装，如图 2-16 所示。

a)　　　　　　　　　　　　　b)

图 2-15　车刀刀尖略高于工件轴线安装

a) 垫刀片厚度适中（0.5mm）　b) 垫刀片厚度过厚（2mm）

4）使用垫刀片的数量尽可能少，垫刀片要平整，无毛刺。

a)　　　　　　　　　　　　　b)

图 2-16　车刀刀杆轴线与工件轴线垂直安装

a）正确　b）不合理

2. 内孔车刀在刀架中的安装

1）刀具的伸出长度要尽可能短些，略大于孔深 5~10mm 即可，以增加刀具的刚性，如图 2-17 所示。

a)　　　　　　　　　　　　　b)

图 2-17　内孔车刀靠近刀架安装

a）正确　b）不合理

2）刀尖与工件轴线等高或略高安装，避免"扎刀"或使孔径扩大，如图 2-18 所示。

3）刀杆轴线与工件轴线平行安装，避免内孔出现锥度或刀杆与孔壁相碰。

4）垫刀片不宜过多，且不允许伸出刀架外侧，如图 2-19 所示。

a)　　　　　　　　b)

图 2-18　内孔车刀刀尖与工件轴线等高安装

a）正确　b）错误

a)　　　　　　　b)　　　　　　　c)

图 2-19　内孔车刀垫刀片的使用

a）正确　b）错误　c）错误

3. 切槽刀在刀架中的安装

1）刀尖必须与工件轴线等高，否则不仅不能切下工件，还易造成切槽刀折断，如图 2-20 所示。

2）切槽刀刀杆轴线必须与工件轴线垂直，否则车刀副切削刃与工件两侧面会产生摩擦，如图2-21所示。

3）切槽刀的底平面必须平直，否则易引起副后角的变化，导致车刀某一侧副后刀面与工件强烈摩擦。

图2-20 切槽刀刀尖与工件轴线等高安装

a)   b)

图2-21 切槽刀刀杆轴线与工件轴线垂直安装

a）正确 b）错误

4. 外螺纹车刀在刀架中的安装

1）螺纹车刀刀尖应与工件轴线等高安装，否则影响车刀的前角大小，造成牙型角误差。

2）车刀刀尖角的对称中心线必须与工件轴线垂直，否则易影响螺纹精度，使车出的螺纹牙形半角产生误差，如图2-22所示。

3）螺纹车刀伸出长度不宜过长，一般为刀柄厚度的1.5倍，以防止切削振动，影响加工质量，如图2-23所示。

a)　　　　　　　　　　　　　　b)

图 2-22　螺纹车刀刀尖与工件轴线垂直安装

a）正确　b）错误

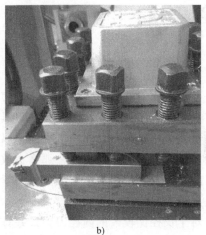

a)　　　　　　　　　　　　　　b)

图 2-23　螺纹车刀靠近刀架安装

a）正确　b）错误

2.1.3　常用钻头在尾座上的安装

除了常见车刀外，钻头在车床上的应用也非常广泛，主要是对实心类工件进行钻孔加工。钻头分为直柄钻头和锥柄钻头两大类，一般直径在 $\phi 13mm$ 以下的钻头以直柄为主，$\phi 13mm$ 以上的钻头以锥柄为主。直柄钻头通过钻夹头与机床尾座相配，锥柄钻头通过莫氏锥度套与机床尾座相配，如图 2-24 所示。

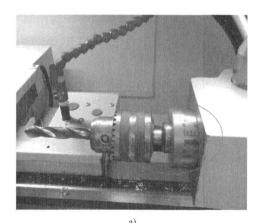

a) b)

图 2-24 钻头在尾座上的安装

a) 直柄钻头 b) 锥柄钻头

2.2 常见数控车刀介绍

2.2.1 数控车刀的选择原则

数控车床能兼做粗、精车削。为使粗车能大进给，要求粗车刀具强度高；精车首先是保证加工精度，所以要求刀具的精度高。为减少换刀时间和方便对刀，应尽可能采用机夹刀。使用机夹刀可以为自动对刀创造条件。如果说对传统车床上采用机夹刀只是一种倡议，那么在数控车床上采用机夹刀就是一种要求了。机夹刀的刀体，要求制造精度较高，夹紧刀片的方式要选择得比较合理。由于机夹刀装上数控车床时一般不加垫片调整，所以刀尖高的精度在制造时就应得到保证。对于长径比较大的内径刀，最好具有抗振性的结构。内径刀的冷却液最好先引入刀体，再从刀头附近喷出。对于刀片，在多数情况下应采用涂层硬质合金刀片。涂层在较高切削速度（>100m/min）时才体现出它的优越性。普通车床的切削速度一般上不去，所以使用的硬质合金刀片可以不涂层。刀片涂层增加的成本不到一倍，而在数控车床上使用时使用寿命可增加两倍以上。数控车床用了涂层刀片可提高切削速度，从而就可提高加工效率。涂层材料一般有碳化钛、氮化钛和氧化铝等，在同一刀片上也可以涂几层不同的材料，成为复合涂层。数控车床对刀片的断屑槽有较高的要求，原因很简单：数控车床自动化程度高，切削常常在封闭环境中进行，所以在车削过程中很难对大量切屑进行人工处置。如果切屑断得不好，它就会缠绕在刀头上，既可能挤坏刀片，也会把已加工表面拉伤。普通车床用的硬质合金刀片一般是两维断屑槽，而数控车床用的刀片常为三维断屑槽。三维断屑槽的形式很多，在刀片制造厂内一般是定型成若干种标准。它的共同特点是断屑性能好、断屑范围宽。对于具体材质的零件，在切削参数定下之后，要注意选好刀片的槽型。选择过程中可以做一些理论探讨，但更主要的是进行实切试验。在一些场合，也可以根据已有刀片的槽型来修改切削参数。要求刀片有高的使用寿命，这是无可置疑的。

数控车床还要求刀片使用寿命的一致性好，以便于使用刀具寿命管理功能。在使用刀具寿命管理功能时，刀片使用寿命的设定原则是把该批刀片中使用寿命最低的刀片作为依据的。在这种情况下，刀片使用寿命的一致性甚至比其平均寿命更重要。至于精度，同样要求各刀片之间精度一致性好。

2.2.2 数控车刀材料

1. 高速钢

高速钢是一种含钨、钼、铬、钒等合金元素较多的合金工具钢，其碳的质量分数在1%左右。高速钢热处理后硬度一般都可达 62~67HRC，耐热温度可达550~600℃，抗弯强度约为3500MPa。高速钢具有高耐磨性和高耐热性等特点，有较好的工艺性能，强度和韧性配合好，且具有较好的热硬性。但高速钢刀具受耐热温度的限制，不能用于高速切削。常见牌号有 W18Cr4V 和 W6Mo5Cr4V2 等。目前主要用于制造钻头、铣刀、拉刀、螺纹刀和齿轮刀等复杂形状刀具。

随着人们不断改变高速钢的成分，在普通高速钢中加入了 Co、Al、V 等合金材料，提高其综合性能，目前市面上主要的高速钢有：高碳高速钢、铝高速钢、钴高速钢、高钒高速钢、粉末冶金高速钢。

2. 硬质合金

硬质合金是由高硬度、高熔点的碳化钨（WC）、碳化钛（TiC）、碳化钽（TaC）、碳化铌（NbC）粉末用钴（Co）黏结后压制、烧结而成。硬质合金具有硬度高、耐磨、强度高、韧性好、耐热和耐腐蚀等性能。切削速度比高速钢高出4~10倍。由于硬质合金刀具可以大大提高生产率，所以不仅数控车刀、刨刀、面铣刀等采用了硬质合金，而且相当数量的钻头、铰刀、其他铣刀也采用了硬质合金。目前已延伸至复杂的拉刀、螺纹刀和齿轮刀的制造应用中。我国目前常用的硬质合金有三类。

（1）钨钴类（YG）硬质合金

钨钴类硬质合金由 WC 和 Co 组成，代号为 YG，主要用于加工铸铁、有色金属等脆性材料和非金属材料。

常用的牌号有 YG3、YG6 和 YG8。数字表示含 Co 的百分比，其余为含 WC 的百分比。硬质合金中 Co 起黏结的作用，含 Co 越多的硬质合金韧性越好，所以 YG8 适于粗加工和断续切削，YG6 适于半精加工，YG3 适于精加工和连续切削。

（2）钨钛钴类（YT）硬质合金

钨钛钴类硬质合金由 WC、TiC 和 Co 组成，代号为 YT。TiC 与 WC 相比其硬度、耐磨性、耐热性要好，但是比较脆，不耐冲击和振动。YT 类硬质合金适于加工钢料，原因是切削钢件时塑性变形大，切屑与刀具摩擦很剧烈，切削温度很高，但切屑呈带状，切削较平稳，基本无冲击。

钨钛钴类硬质合金常用的牌号有 YT30、YT15 和 YT5。数字表示含 TiC 的百分比。其中 YT30 适于对钢料的精加工和连续切削，YT15 适于半精加工，YT5 适于粗加工和断续切削。

（3）钨钛钽铌类（YW）硬质合金

钨钛钽铌类硬质合金是在钨钛钴类硬质合金中加入少量稀有金属化合物（TaC 或 NbC）而组成，代号为 YW。其抗弯强度、疲劳强度、耐热性、耐磨性、抗氧化性等性能指标均得到了提高。该类硬质合金具有钨钴类硬质合金和钨钛钴类硬质合金的优点，所以钨钛钽铌类硬质合金既可加工钢，又可加工铸铁和有色金属，称为通用硬质合金。常用牌号有 YW1 和 YW2，前者用于半精加工和精加工，后者用于粗加工和半精加工。

3. 陶瓷材料

常用陶瓷刀具材料是以 Al_2O_3 或 Si_3N_4 为基体材料在高温下烧结而成。陶瓷材料的硬度、耐磨性、耐热性和化学稳定性均优于硬质合金，但比硬质合金更脆，目前主要用于精加工。

目前市面上的陶瓷刀具材料有氧化铝陶瓷、金属陶瓷、氮化硅陶瓷和复合陶瓷四种。金属陶瓷、氮化硅陶瓷和复合陶瓷的抗弯强度和冲击韧度已接近硬质合金，可用于半精加工以及加切削液的粗加工。

4. 立方氮化硼（CBN）

立方氮化硼（CBN）是在高温高压下，由六方晶体氮化硼（又称白石墨）转化为立方晶体而成。立方氮化硼的硬度可达 7300~9000HV，仅次于金刚石的硬度和耐磨性，但其强度低、焊接性差。

立方氮化硼刀具既能用于淬火钢和冷硬铸铁的粗车和精车，也能用于高温合金、热喷涂材料、硬质合金及其他难加工材料的高速加工，在数控机床切削加工中非常适用。

5. 金刚石

金刚石分为人造和天然两种，通常情况下切削刀具的材料选用人造金刚石制成。其硬度可达 10000HV 左右，是硬质合金的 8~10 倍，耐磨性是硬质合金的

80~110 倍，但韧性很差，不适宜加工黑色金属材料，主要用于有色金属、硬质合金、石墨、陶瓷等材料的高速精细车削和镗削。

2.2.3　可转位车刀型号表示规则

我国国家标准参照国际标准《可转位车刀、仿形车刀和刀夹—代号》（ISO 5608：2012）制定了《可转位车刀及刀夹 第 1 部分：型号表示规则》（GB/T 5343.1—2007）和《可转位车刀及刀夹 第 2 部分：可转位车刀形式尺寸和技术条件》（GB/T 5343.2—2007）两项标准，将可转位外圆、端面车刀，仿形车刀的型号用一组给定意义的字母和数字表示。型号共有 10 个号位，前 9 个号位必须使用，第 10 号位仅用于符合标准规定的精密级车刀。各位代号所表示的内容见表 2-1。

表 2-1　可转位车刀的各位代号及表示内容

号位	表示内容	代号规定
1	刀片的夹紧方式	1 位字母，见表 2-2
2	刀片的形状	1 位字母，见表 2-3
3	车刀的头部形状	1 位字母，见表 2-4
4	车刀刀片的法后角大小	1 位字母，见表 2-5
5	车刀的切削方向	1 位字母，见表 2-6
6	车刀的高度	2 位数字，取车刀刀尖高度的数值，例如刀尖高度为 25mm 的车刀代号为 25
7	车刀的刀杆宽度	2 位数字，取车刀刀杆宽度的数值，例如刀杆宽度为 20mm 的车刀代号为 20。如果宽度的数值不足两位数字，则在该数前加"0"，例如刀杆宽度为 8mm，则第 7 位代号为 08
8	车刀的长度	对于车刀的长度符合 GB/T 5343.2—2007 规定的，以符号"—"表示；对于车刀长度不符合 GB/T 5343.2—2007 规定的，而该车刀的其他尺寸又都符合上述标准时，其第 8 位代号按表 2-7 的规定来表示
9	车刀刀片的边长	2 位数字，取刀片切削刃长度或理论边长的整数部分，例如切削刃长度为 16.5mm，则代号为 16。如果舍去小数部分后只剩下 1 位数字，则必须在该数字前加"0"，例如切削刃长度为 9.525mm，则代号为 09
10	不同测量基准的精密级车刀	1 位字母，Q 表示以车刀的外侧面和后端面为测量基准的精密级车刀。F 表示以车刀的内侧面和后端面为测量基准的精密级车刀。B 表示以车刀的内、外侧面和后端面为测量基准的精密级车刀

1. 夹紧方式表示规则

根据加工方法、加工要求和被加工型面的不同，可转位车刀刀片可采用不同的夹紧方式与结构。由于刀具的编号与刀片标记、刀片夹紧方式有关，在国家标准（GB/T 5343.1—2007）中将夹紧结构归纳为4种方式，并对每种夹紧方式规定了相应的代号。表2-2为可转位车刀刀片夹紧方式的标准代号、特点及应用。

表2-2　可转位车刀刀片夹紧方式的标准代号、特点及应用

名称	标准代号	夹紧方式及特点	应用
上压夹紧式	C	采用无孔刀片，由压板从刀片上方将其压紧在刀槽内。结构简单，制造容易；刀片位置不可调整；压板形式有爪形、桥形或蘑菇头螺钉；可安置断屑器	适用于车刀、立铣刀、深孔钻、铰刀和镗刀等
螺钉夹紧式	S	采用带沉孔刀片，用锥形沉头螺钉将刀片压紧，螺钉的轴线与刀片槽底面的法向有一定的倾角，旋紧螺钉时，螺钉头部锥面将刀片压向刀片槽的底面及定位侧面。结构简单、紧凑，切屑流动通畅，但刀片转位性能稍差	适用于车刀，小孔加工刀具，深孔钻，套钻，铰刀及单、双刃镗刀等
销钉夹紧式	P	采用带圆柱孔无后角刀片，利用刀片孔将刀片夹紧。销钉式多用偏心夹紧，结构简单、紧凑，便于制造，一般适用于中小型车刀。杠杆式夹紧力较大，稳定性好，刀片转位方便，切屑流畅，但制造较困难	适用于车刀、可转位单刃镗刀、模块式镗刀等
复合式	M	采用圆柱孔刀片，上压式与螺钉或销钉复合夹紧刀片。夹紧可靠，可安置断屑器	适于重切削

2. 刀片的形状表示规则

刀杆所装的刀片是有规则的，刀片形状按大类分主要有：等边等角、等边不等角、等角不等边、不等边不等角和圆形等，其中最常见的刀片形状与字母代号见表2-3。

表2-3　刀片形状与字母代号

刀片形状	代号	形状说明	刀尖角 ε_r	示意图
等边等角	H	正六边形	120°	⬡
	O	正八边形	135°	⬡
	P	正五边形	108°	⬠

（续）

刀片形状	代号	形状说明	刀尖角 ε_r	示意图
等边等角	S	正方形	90°	▢
	T	正三角形	60°	△
等边不等角	C	菱形	80°①	▱
	D		55°①	
	E		75°①	
	M		86°①	
	V		35°①	
	W	等边不等角六边形	80°①	⬠
等角不等边	L	矩形	90°	▭
不等边不等角	F	不等边不等角六边形	82°①	⬠
不等边不等角	A	平行四边形	85°①	▱
	B		82°①	
	K		55°①	
圆形	R	圆形	—	○
不等边不等角	G	六角形	100°	⬡

注：1. 其他形状用 Z 表示。

　　2. "①"表示常用刀片形状及常见选用角度。

3. 车刀的头部形状及代号（表2-4）

表 2-4　车刀头部形状及代号

代号	车刀头部形状		代号	车刀头部形状	
A		90°直头侧切	F		90°偏头端切
B		75°直头侧切	G		90°偏头侧切
C		90°直头端切	H		107.5°偏头 侧切
D		45°直头侧切	J		93°偏头侧切
E		60°直头侧切	K		75°偏头端切

（续）

代号	车刀头部形状		代号	车刀头部形状	
L		95°偏头侧切及端切	T		60°偏头侧切
M		50°直头侧切	U		93°偏头端切
N		63°直头侧切	V		72.5°直头侧切
R		75°偏头侧切	W		60°偏头端切
S		45°偏头侧切	Y		85°偏头端切

注：D 型和 S 型车刀也可以安装圆形（R 型）刀片。

4. 车刀刀片的法后角大小表示规则（表2-5）

表2-5　车刀刀片的法后角大小及代号

代号	刀片法后角		代号	刀片法后角	
A		3°	F		25°
B		6°	G		30°
C		7°	H		0°
D		15°	P		11°
E		20°	Q		其余的后角需专门说明

5. 车刀的切削方向表示规则（表2-6）

表2-6　车刀的切削方向表示规则

符号	示意图	备注
R		右切

（续）

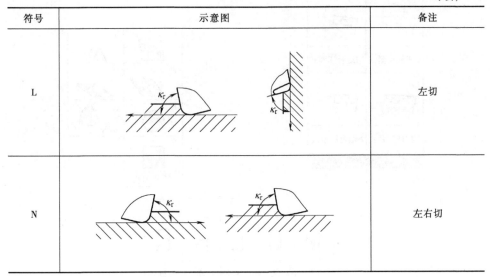

符号	示意图	备注
L		左切
N		左右切

6. 车刀的长度表示规则（表 2-7）

表 2-7　表示车刀长度的代号

（单位：mm）

代号	A	B	C	D	E	F	G	H
长度	32	40	50	60	70	80	90	100
代号	J	K	L	M	N	P	Q	R
长度	110	125	140	150	160	170	180	200
代号	S	T	U	V	W	X	Y	
长度	250	300	350	400	450	特殊尺寸	600	

2.2.4　常见数控车床刀杆编号规则介绍

1. 外圆车刀刀杆编号规则

外圆车刀是数控车削中常见的刀具之一，主要用于零件的外圆面切削，其编号主要由 9 位字母和数字组成。第 1 位表示压紧方式，第 2 位表示刀片形状，具体含义如图 2-25 所示；第 3 位表示刀片主偏角角度，具体含义如图 2-26 所示；第 4 位表示刀片后角，第 5 位表示刀片切削方向，具体含义如图 2-27 所示；第 6 位表示刀尖高度，第 7 位表示刀杆宽度，第 8 位表示刀具长度，第 9 位表示切削刃长，具体含义如图 2-28 所示。

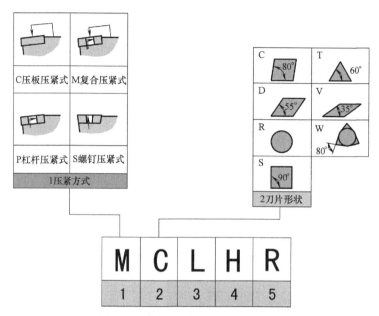

图 2-25　第 1、2 位含义及对应字母

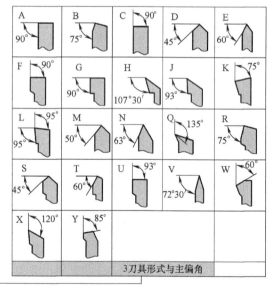

图 2-26　第 3 位含义及对应字母

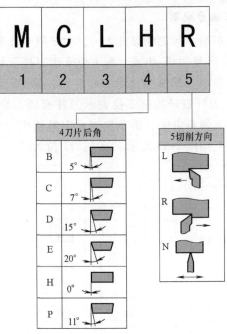

图 2-27 第 4、5 位含义及对应字母

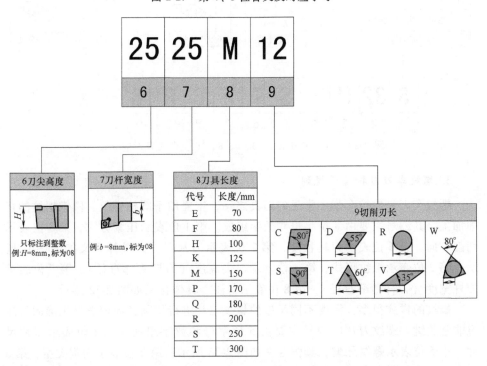

图 2-28 第 6、7、8、9 位含义及对应字母

2. 内孔车刀刀杆编号规则

内孔车刀是数控车削中常见的刀具之一，主要用于孔类零件的加工，其编号主要由12位字母、数字及"-"组成。第1位表示刀杆形状，第3位表示刀杆长度，第6位表示刀片形状，第8位表示刀片后角，第10位表示切削刃长，具体含义如图2-29所示。刀杆编号的第2位表示刀杆直径，第5位表示刀片压紧方式，第7位表示刀具主偏角角度，第9位表示刀具切削方向，第12位表示反镗刀专用代码，具体含义如图2-30所示。第4、11位为"-"。

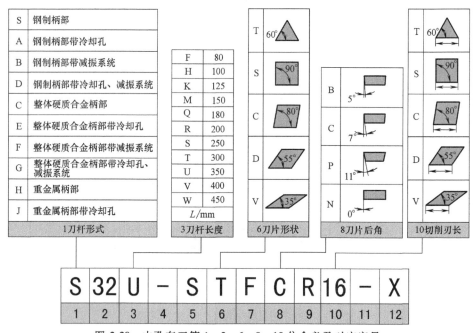

图 2-29 内孔车刀第1、3、6、8、10位含义及对应字母

3. 螺纹车刀刀杆编号规则

螺纹车刀是数控车削中常见的刀具之一，主要用于圆柱螺纹、圆锥螺纹的切削加工，其编号主要由8位字母和数字组成。第1位表示压紧方式，第3位表示切削方向，第6位表示刀具长度，第7位表示刀片尺寸，具体含义如图2-31所示。第2位表示螺纹形式，第4位表示刀尖高度（刀杆头部直径），第5位表示刀杆宽度（刀杆柄部直径），第8位表示备注，具体含义如图2-32所示。

螺纹的样式很多，需要不同类型的螺纹刀片进行切削，如何选择正确的刀片也非常关键。螺纹刀片的编号主要由5位字母和数字组成，第1位表示刀片尺寸，第5位表示螺纹牙型，具体含义如图2-33所示；第2位表示切削类型，第3位表示螺纹切削方向，第4位表示螺距，具体含义如图2-34所示。

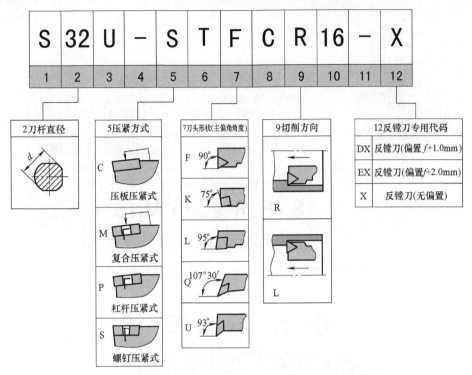

图 2-30　内孔车刀第 2、5、7、9、12 位含义及对应字母

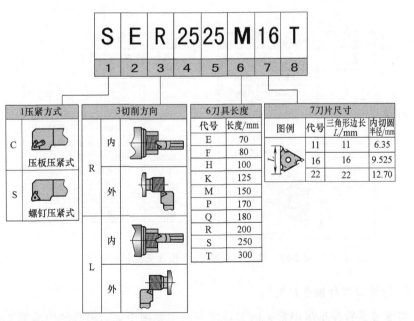

图 2-31　螺纹车刀第 1、3、6、7 位含义及对应字母

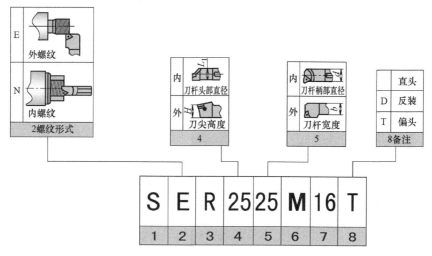

图 2-32　螺纹车刀第 2、4、5、8 位含义及对应字母

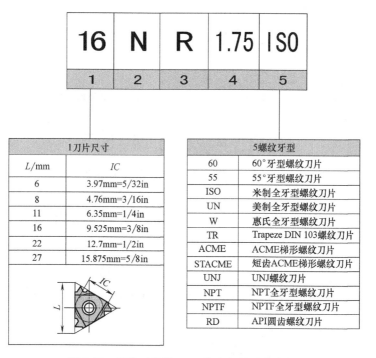

图 2-33　螺纹刀片第 1、5 位含义及对应字母

4. 切槽刀刀杆编号规则

切槽刀是数控车削中常见的刀具之一，主要用于退刀槽等的切削加工，其编号主要由 9 位字母和数字组成，其中第 1 位表示切槽刀片，第 2 位表示刀片形

式，第 3 位表示刀片尺寸，第 4 位表示刀片刃口数量，第 5 位表示刀片有效切削宽度，第 6 位表示刀片切削方向，第 7 位表示刀尖圆弧半径，第 8 位表示刀片主偏角角度，第 9 位表示刀片断屑槽类型，具体含义如图 2-35 所示。

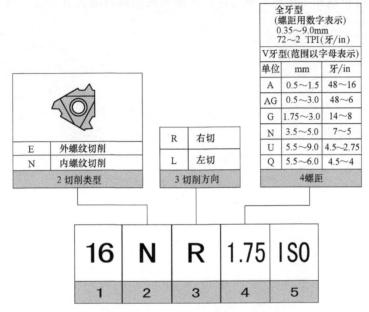

图 2-34　螺纹刀片第 2、3、4 位含义及对应字母

注：1in = 25.4mm。

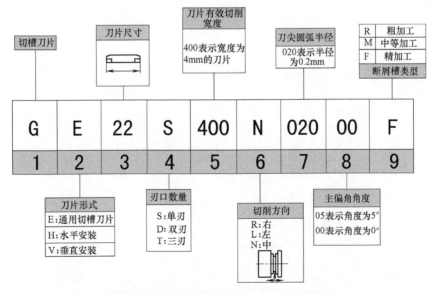

图 2-35　切槽刀第 1~9 位含义及对应字母

自测题：

1. 数控车床刀具安装时主要有哪些注意事项？

2. 简述外圆车刀 SCLCR2020K09 刀杆编号的含义。

3. 试分析数控车床加工中工件产生振动的原因及解决方案（主要从刀具角度出发）。

数控车床的基本操作

3.1 数控车床安全操作规程

1. 安全注意事项

1）工件必须夹紧，并把自定心卡盘夹紧工具（卡盘钥匙）取下收回。

2）操作设备的人员必须身着符合车工安全规定的工作衣、工作鞋，配戴护目镜。

3）长发同学必须将头发盘起并戴工作帽，不准将头发留在帽子外边。

4）严禁在车间内嬉戏、打闹，严禁在机床间穿梭。

5）一般不允许两人同时操作同一台机床。但如果某项工作需要两个人或多人共同完成时，应注意动作协调一致。

6）在主轴启动开始切削之前一定要关好防护门，正常运行中严禁开启防护门。

7）禁止用手触摸正在旋转的主轴，机床在工作中发生故障或出现异常现象时，应立即按急停开关，保护现场，同时立即报告指导老师。

8）机床开动期间严禁离开工作岗位，严禁做与设备操作无关的事情。

9）工件加工之后，不能用手触摸工件或刀具，防止烫伤。

2. 开机时的注意事项

首先打开机床总电源，检测电控柜的散热风扇是否正常启动；然后按下CNC电源的启动按钮，待系统完全启动后，观察CRT显示面板是否存在异常报警（不含急停报警）；最后顺时针旋转急停按钮，机床准备完毕。

3. 手动操作时的注意事项

1）必须熟悉机床使用说明书和机床的一般性能、结构，严禁超性能使用，尤其要明确该机床编码器是属于绝对编码器还是相对编码器，如果是相对编码器，则在操作设备前必须进行"回机床参考点"操作，即"回零"。

2）手动移动机床X轴、Z轴时要预先判断刀架、刀具是否会与工件、卡盘、尾座发生干涉及碰撞。在手动移动过程中不能只看CRT显示面板的坐标值，还需将刀架的实际位置与 CRT 面板的坐标值两者兼顾。

4. 编程时的注意事项

对于初学者来说，编程时应尽量少用 G00 指令，尽量按编程规则进行编写，以免出错。在退刀时尽量先移动 Z 坐标，再移动 X 坐标。

5. 换刀时的注意事项

1）数控车刀刀杆更换时，应将刀具刀尖点略高于工件轴线，否则切削零件端面中心时会留有小圆台。

2）回转刀架时应预留足够的回转空间，以防与工件、卡盘和尾座发生干涉及碰撞。

3）更换数控车刀刀片时可不将刀柄卸下，直接拧开螺钉更换，更换后必须将螺钉拧紧，以防刀片发生松动。

6. 加工时的注意事项

1）机床开始加工之前必须采用程序校验方式检查所用程序是否与被加工工件相符，待确认无误后，方可关好安全防护罩，开动机床进行工件加工。

2）操作者严禁修改机床参数。必要时需通知设备管理员，请设备管理员修改。

3）在加工过程中，如果出现异常情况可按下"急停"按钮，以确保人身和设备的安全。并保护现场，同时立即报告指导老师。

4）在主轴启动开始切削之前一定要关好防护门，程序正常运行中严禁开启防护门。

7. 使用计算机进行串口通信时的注意事项

1）需将系统 0020 参数设置成 1，通信接口为计算机。

2）使用计算机进行串口通信时，要先关机床、后关计算机，先开计算机、后开机床，防止瞬间电流导致系统主板故障。

8. 使用 CF 卡、USB 接口通信时的注意事项

1）需将系统 0020 参数设置成 4，通信接口为 CF 卡、USB 接口。

2）使用 CF 卡、USB 接口通信时，要先关机床、后插卡，先插卡、后开机床，防止瞬间电流导致系统主板故障。

9. 利用 DNC（即计算机与机床在线传输）功能时的注意事项

机床的内存容量是有限的，一般都较小，当需要传输的程序字节较长时需要采用边传输边加工的方法实现。使用 DNC 功能通信时，要先关机床、后关计算机，先开计算机、后开机床，防止瞬间电流导致系统主板故障。

10. 关机时的注意事项

1）关机前，应将机床尾座移至机床最尾端，将刀架移动至机床 X 轴、Z 轴最大处。将机床导轨上的切削液、切屑等清理干净，如果长时间不动机床，则应在机床导轨上涂抹防锈油等。

2）关机时应先拍下机床"急停"按钮，关闭系统电源，最后关闭机床总电源。

3.2　CK6136S 数控车床操作

数控车床、车削中心，是一种高精度、高效率的自动化机床。配备多工位刀塔或动力刀塔，机床就具有广泛的加工工艺性能，可加工直线圆柱、斜线圆柱、圆弧和各种螺纹、槽、蜗杆等复杂工件，具有直线插补、圆弧插补等各种补偿功能，并在复杂零件的批量生产中发挥了良好的经济效果。

操作人员在操作前必须对数控车床的基本操作有深刻了解。下面将以CK6136S 数控车床（所配数控系统为 FANUC 0i Mate-TD）为例详细介绍机床的操作，CK6136S 数控车床如图 3-1 所示。

图 3-1　CK6136S 数控车床

3.2.1　主要技术参数

CK6136S 数控车床的主要参数见表 3-1。

表 3-1　CK6136S 数控车床的主要参数

床身上最大回转直径	$\phi360mm(14'')$
刀架上最大回转直径	$\phi180mm$
最大工件长度	1000mm
最大车削长度	950mm
主轴通孔直径	$\phi40mm$

（续）

主轴孔锥孔直径及锥度	MT. No. 5
主轴转速范围	200~3500r/min（无级变速）
纵向快速移动速度	10m/min
横向快速移动速度	8m/min
最小输入单位	0.001mm
刀架工位数	四工位
车刀刀杆截面尺寸	20×20 mm
尾座套筒外径	ϕ60mm
尾座套筒内孔锥度	MT. No. 4
尾座套筒最大行程	120mm
主电动机功率	3.7kW

3.2.2　数控系统面板（FANUC 0i Mate-TD）

1. 数控系统操作面板介绍

数控系统操作面板主要由显示屏和 MDI 键盘两部分组成，FANUC 0i Mate-TD 的系统操作面板如图 3-2 所示。其中显示屏主要用于显示机床相关坐标值、数控程序、仿真图像、机床参数、数控诊断维修数据、报警信息等；MDI 键盘包括编程所需的字母键、数字键以及数控系统基本功能键等。

2. 外部数据输入/输出接口

FANUC 0i Mate-TD 系统的外部数据输入/输出接口有 CF 卡插槽、RS232 传输线、USB 接口等，如图 3-3 所示。

3. LOC 液晶显示屏和 MDI 键盘（图 3-4）

1）地址/数字键：输入字母、数字以及其他字符。主要用于程序编制、数值修改等。

2）翻页键：

![PAGE↑]：在屏幕上朝前翻一页。

![PAGE↓]：在屏幕上朝后翻一页。

图 3-2　数控系统操作面板

3）光标移动键：

→：将光标朝右或前进方向移动。

←：将光标朝左或倒退方向移动。

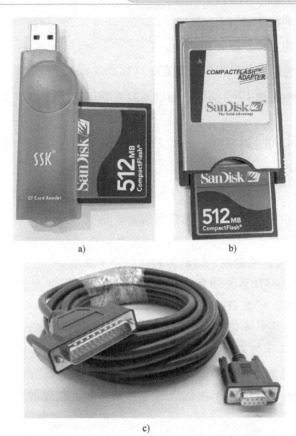

图 3-3　外部数据输入/输出接口

a) CF 卡与 PC 机相连配件　b) CF 卡与机床相连配件　c) RS232 传输线（9 孔 25 针）

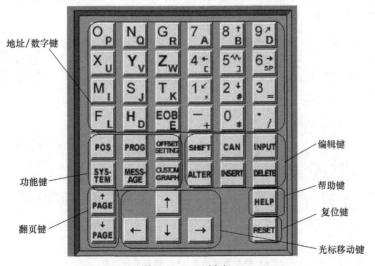

图 3-4　MDI 键盘

↓：将光标朝下或前进方向移动。

↑：将光标朝上或倒退方向移动。

4）帮助键 HELP：显示操作机床的方法（帮助功能）。

5）复位键 RESET：使 CNC 复位，用以消除报警等。

6）编辑键：

1 换档键 SHIFT：可选择字符，当"^"字符在屏幕上显示时，表示此时输入按键右下角的字符。

2 取消键 CAN：按此键可删除已输入到输入缓冲器的最后一个字符或符号。

3 输入键 INPUT：当按了地址键或数字键后，数据被输入到缓冲器，并在 CRT 屏幕上显示出来。

7）功能键：按这些键用于切换各种功能显示画面。

FANUC 0i Mate-TD 系统功能键主要有 POS（坐标位置键）、PROG（程序键）、刀偏/设定键、SYS TEM（系统参数设置键）、ME SSAGE（报警信息键），以及图像显示键。其具体功能及相关画面操作方法和步骤如下：

① 坐标位置显示按钮 POS。在任何功能模式下点按此按钮，屏幕显示机床坐标画面，可出现绝对坐标画面、相对坐标画面、综合坐标画面，这三个画面可通过连续点按坐标位置显示按钮或通过软菜单对应位置的按钮进行切换，如图 3-5 所示。

② 显示程序目录及程序画面按钮 PROG。连续点按此按钮可使机床所有程序目录显示画面和当前程序显示画面进行相互切换。其中图 3-6a 中带有 @ 的程序为当前程序，程序详细内容如图 3-6b 所示。

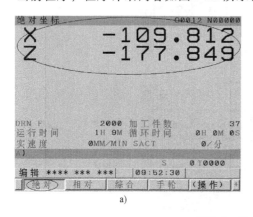
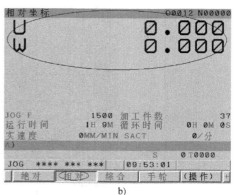

图 3-5　坐标位置画面

a）绝对坐标画面　b）相对坐标画面

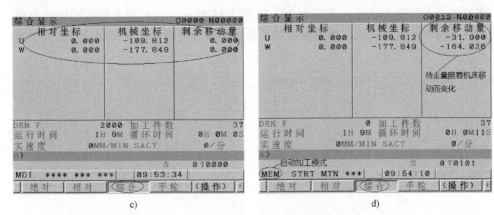

图 3-5　坐标位置画面（续）

c）综合坐标画面　d）综合坐标画面

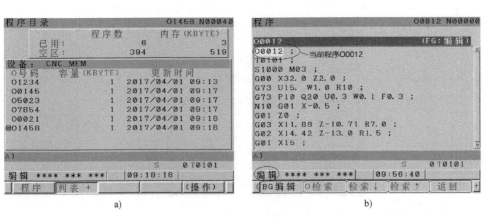

图 3-6　程序画面

a）程序目录画面　b）当前程序画面

③ 刀偏/设定显示按钮 ▣。按此按钮可进入刀具偏置设定、刀具偏置补偿、对部分系统参数进行设定修改及工件坐标系设定（G54～G59）等几个画面，如图 3-7 所示。

在刀偏画面中点按显示器右下角的菜单扩展按钮，会出现"宏变量"等按钮，点按该按钮进入"用户宏程序"画面，可以通过光标移动键或者翻页键进行宏程序局部变量和公共变量数据的查询及修改，如图 3-8 所示。

在"刀偏"画面中连续按两次扩展按钮，即出现了"语种"设置功能，标 * 的为系统当前语种，如图 3-9 所示，并可利用光标移动键或者翻页键选择所需的语言即可完成语言的切换。简体中文切换为英文的操作步骤如图 3-10 所示。

④ 系统"参数"显示按钮。数控机床的参数通常以数字形式存在，点按此

按钮可进入系统"参数"设定画面，如图 3-11 所示，可利用光标移动键或者翻页键查询相关系统参数，或编辑参数号通过参数号搜索功能直接定位至相关参数上，如图 3-12 所示。

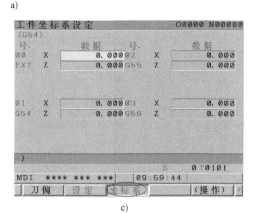

a)　　　　　　　　　　　　b)

c)

图 3-7　刀偏/设定画面

a) 刀偏画面（磨损）　b) 刀偏画面（形状）　c) 工件坐标系画面

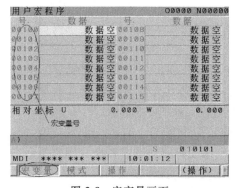

图 3-8　宏变量画面

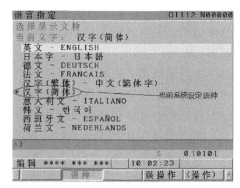

图 3-9　系统语种指定画面

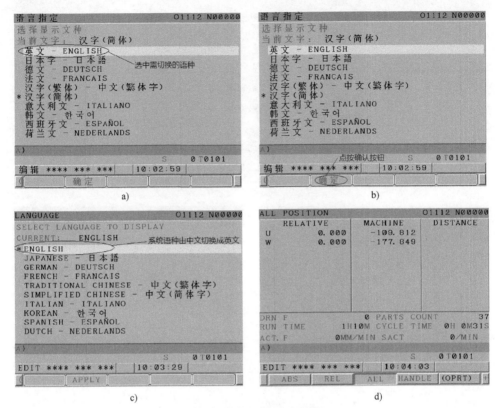

图 3-10　系统语种切换步骤

在系统"参数"设定画面下，点按"诊断"按钮即可进入系统诊断画面，如图 3-13 所示，通过 0 和 1 的数据变化来诊断相关信号的到位情况。点按"系统"按钮进入"系统配置/硬件"画面，如图 3-14 所示，便于使用者熟悉该系统的硬件配置情况。点按"伺服"按钮进入机床"伺服信息"配置画面，如图 3-15 所示，便于使用者了解配置的伺服电动机编码器规格、伺服放大器规格等信息。点按主轴按钮进入机床主轴信息配置画面如图 3-16 所示，便于使用者了解主轴电动机规格、主轴放大器规格等信息。本教材所述设备主轴采用的是非伺服电动机，因此相关画面信息无数值。

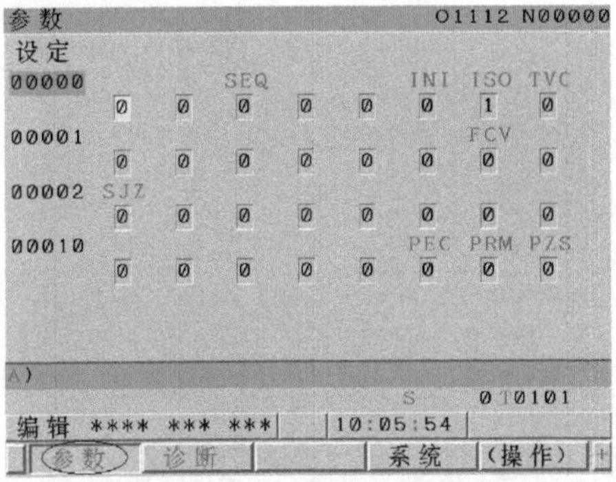

图 3-11　"参数"设定画面

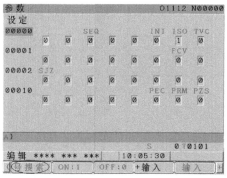

a)

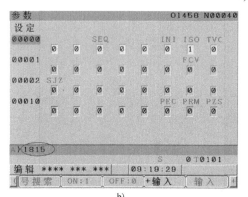

b)

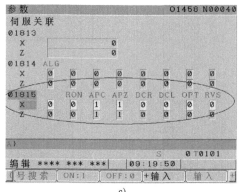

c)

图 3-12　参数号搜索画面

a）参数号搜索画面　b）缓存输入参数号　c）搜索成功

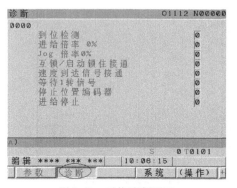

图 3-13　系统诊断画面　　　　图 3-14　"系统配置/硬件"画面

　　在系统"参数"设定画面下，按扩展菜单 1 次，系统则出现了新的软功能，如图 3-17 所示。

　　点按"螺补"按钮进入"螺距误差补偿"数据框，如图 3-18 所示，在此画面中可进行螺距误差补偿设定, 主要用于机床使用一段时间后螺距出现磨损的情况, 为使其具有较高的精度需要借助镭射激光仪等设备对机床的螺距误差进行补偿。点按"SV 设定"按钮进入"伺服设定"画面, 如图 3-19 和图 3-20 所示。点按"操作"按钮进入轴切换画面, 如图 3-21 所示。点按"轴改变"按钮, 即可将当前轴改变为 Z 轴, 并显示 Z 轴的伺服电动机信息, 如图 3-22 所示。

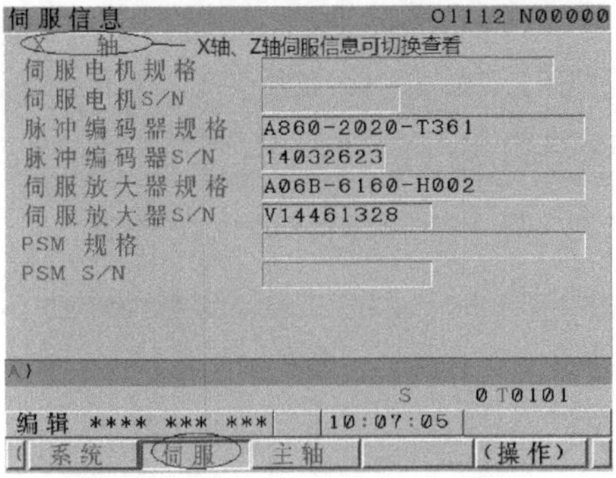

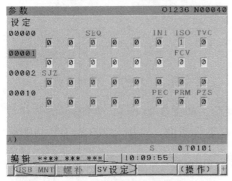

图 3-15 "伺服信息"配置画面
注:"伺服电机"应为"伺服电动机"。

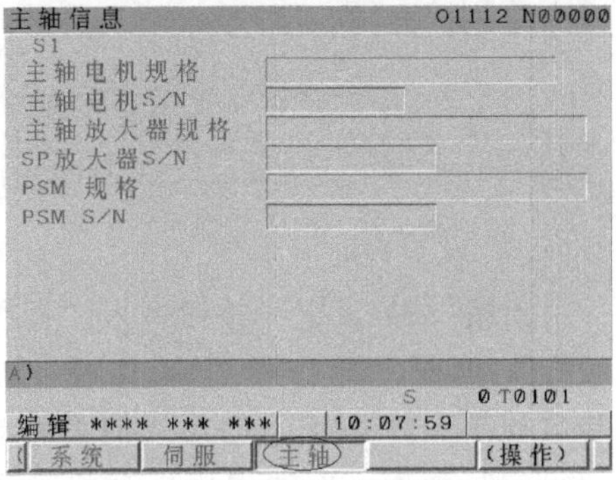

图 3-16 主轴信息配置画面

图 3-17 新软功能显示

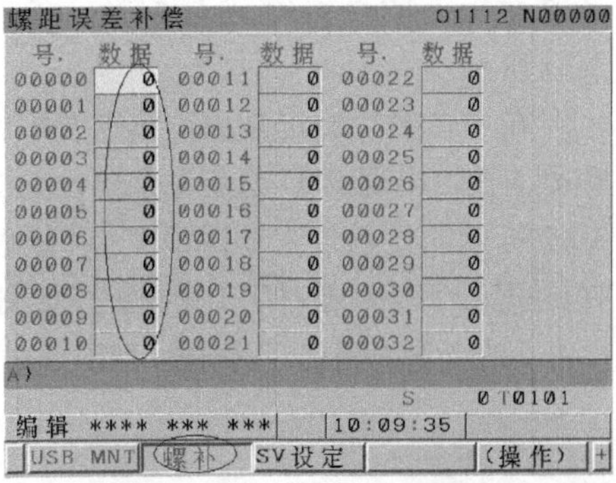

图 3-18 螺距误差补偿设定画面

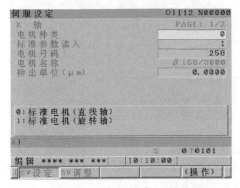

图 3-19 "伺服设定"画面

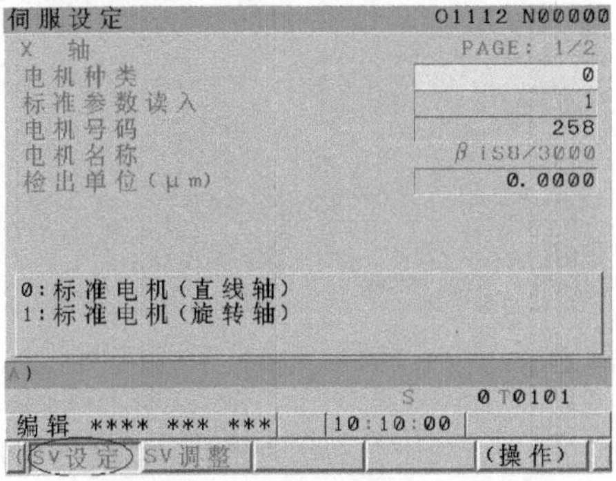

图 3-20 "SV 设定"按钮画面

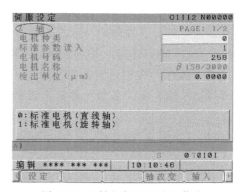

图 3-21　轴改变画面

图 3-22　Z 轴的伺服电动机信息

点按"SV 设定"按钮进入"伺服设定"画面，再点按"SV 调整"按钮，如图 3-23 所示，进入"伺服电动机设定"画面。X 轴伺服电动机参数设定和 Z 轴伺服电机参数设定可通过系统面板上的翻页键进行切换，如图 3-24 所示。

在"参数"设定画面连续点按扩展菜单 3 次，出现 PLC 功能主菜单，如图 3-25 所示。点按"PMCMNT"功能按

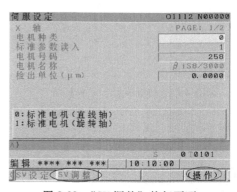

图 3-23　"SV 调整"按钮画面

钮，进入"PMC 维护"中的信号状态显示画面，如图 3-26 所示，可通过信号开关 0 和 1 的变量对机床信号进行判别，对维修有很大帮助。点按"PMCLAD"功能按

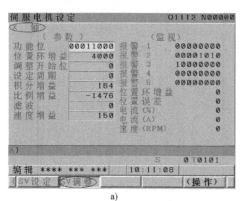

a)

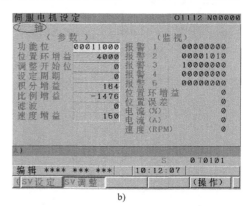

b)

图 3-24　伺服电动机设定画面

a) X 轴伺服电动机设定画面　b) Z 轴伺服电动机设定画面

注：图中"伺服电机"应为"伺服电动机"。

钮，进入"PMC 梯图"列表画面，如图 3-27 所示。点按"梯形图"切换到梯形图画面，如图 3-28 所示。点按"PMCCNF"功能按钮，进入"PMC 构成"的标头数据画面，如图 3-29 所示。点按"设定"按钮，进入"PMC 设定"画面，如图 3-30 所示。

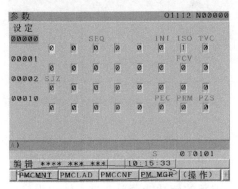
图 3-25　PLC 功能主菜单

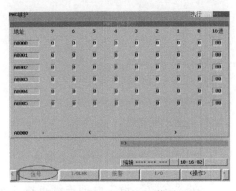
图 3-26　"PMC 维护"信号画面

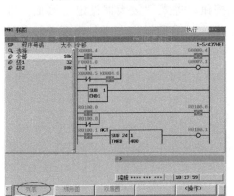
图 3-27　"PMC 梯图"列表画面

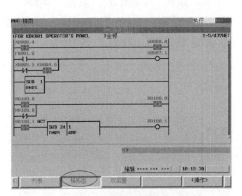
图 3-28　梯形图画面

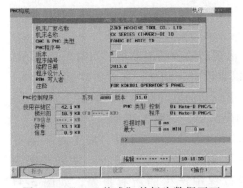
图 3-29　"PMC 构成"的标头数据画面

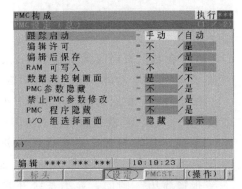
图 3-30　PMC 设定画面

在"参数"设定画面连续点按 4 次，出现新的软功能菜单如图 3-31 所示。点按"颜色"功能按钮，进入显示器"彩色"设置画面，如图 3-32 所示。

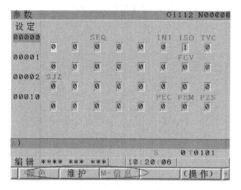

图 3-31 4 次扩展后的软功能菜单

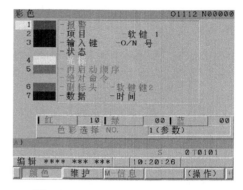

图 3-32 显示器"彩色"设置画面

在"参数"设定画面连续点按 5 次，出现新的软功能菜单，进入轴"设定"菜单，如图 3-33 所示。点按"FSSB"功能按钮，进入"放大器设定"画面，如图 3-34 所示。点按"PRM 设"功能按钮，进入"参数设定支援"画面进行参数的设定与修改，如图 3-35 所示。

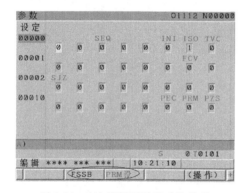

图 3-33 5 次扩展后的软功能菜单

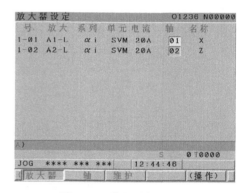

图 3-34 放大器设定画面

在"参数"设定画面连续点按 6 次，出现新的软功能菜单，如图 3-36 所示。点按"PCMCIA"功能按钮，进入"嵌入以太设定"画面，如图 3-37 所示。

在"参数"设定画面连续点按 7 次，出现新的软功能菜单，如图 3-38 所示。点按"ID 信息"功能按钮，进入机床识别码画面，如图 3-39 所示。

⑤ 显示信息按钮。点按此按钮进入"报警信息"画面（加工时一旦有报警跳出，将自动跳转到该画面），如图 3-40 所示。按"履历"功能按钮进入"报警履历"画面，显示系统在运行过程中产生的所有报警，如图 3-41 所示。

图 3-35 "参数设定支援"画面　　　　图 3-36 "PCMCIA"功能按钮

a)

b)　　　　　　　　　　　c)

图 3-37 嵌入式以太网设定画面

a) 公共网络地址设定　b) 端口设定　c) FTP 传送设定

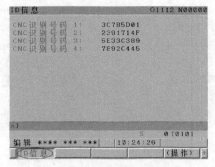

图 3-38 7 次扩展后的软功能菜单　　　　图 3-39 机床识别码画面

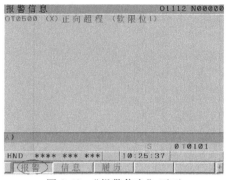

图 3-40 "报警信息"画面

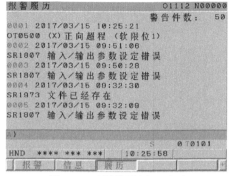

图 3-41 "报警履历"画面

⑥ 刀具路径图形轨迹显示按钮。点按此按钮进入刀具路径图形轨迹显示功能，如图 3-42 所示，刀具路径坐标方向可根据参数 No.6510 设定，刀具路径的大小显示区域可由"参数"功能中的相关数值来设定。点按"参数"功能按钮进入参数调整界面，如图 3-43 所示。点按"图形"功能按钮，进入刀具路径图形显示功能，当机床执行自动运行时，该功能即可显示编程的刀具路径，如图 3-44 所示。如需调整刀具显示画面的比例大小，可通过"扩大"功能按钮进行调整。点按"扩大"功能按钮，如图 3-45 所示，根据需要调整的图像点按"中

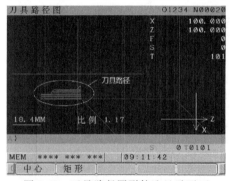

图 3-42 刀具路径图形轨迹显示画面

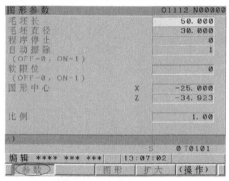

图 3-43 参数调整画面

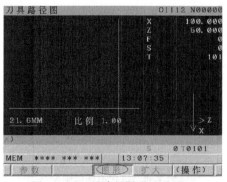

图 3-44 刀具路径图形显示画面

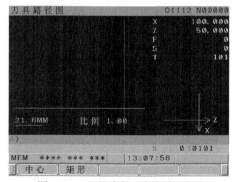

图 3-45 刀具路径比例调整画面

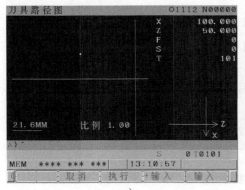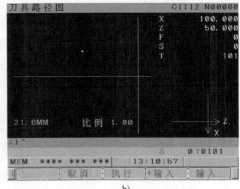

a)　　　　　　　　　　　　　b)

图 3-46　利用"中心"或"矩形"修调图形比例

a) 利用"中心"修调　b) 利用"矩形"修调

心"或"矩形"调整按钮，再通过光标键进行移动即可，如图 3-46 所示。根据此方法修改后，"参数"设定画面的数据也会自动调整，修调后的刀具路径图形轨迹比例如图 3-47 所示。如果修调比例不合适，或者无法显示刀具轨迹路径，则可点按"标准"功能键恢复至原始设定值，如图 3-48 所示。

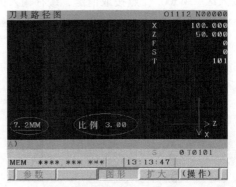

图 3-47　修调比例后的刀具轨迹显示画面

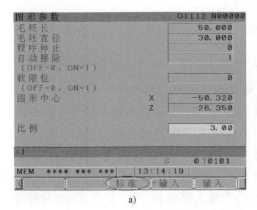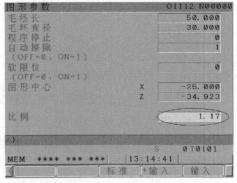

a)　　　　　　　　　　　　　b)

图 3-48　恢复参数原始设定值

a) 修正后参数设定画面　b) 标准参数设定画面

8）编辑键：

① 切换键 [SHIFT]：点按此键可以将字母键、数字键上的两个符号进行切换，比如 "O" 和 "P" 的切换，当需要左上角字符 "O" 时，按 SHIFT 键后，显示器缓存输入区出现 "^" 字符，此时输入的字符为按键的左上角字符，如图 3-49 所示。该功能单次有效，如果需要连续使用则应重新按 SHIFT 键。

图 3-49 切换键的使用

② 取消键 [CAN]：在 MDI 或 EDIT 模式下，点按此按钮可删除已输入的显示器缓存输入区中的字符，每按一次消除一个字符，无法操作文本区中的字符。现已在缓存输入区 "M300"，点按取消键，缓存输入区中变为 "M30" 如图 3-50 所示。

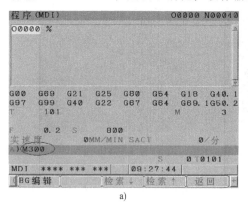
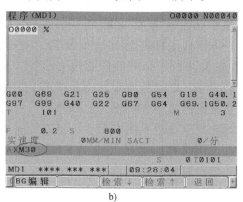

图 3-50 取消键的使用

a）缓存区输入 "M300"   b）取消键取消成功

③ 输入键 [INPUT]：点按此按钮可以输入或修改数值，如刀具形状/磨损偏置值、参数设定值、G54～G59 坐标值数据等。该键的使用场合如图 3-51 所示。

④ 替换键 [ALTER]：此按钮的功能是将文本区中的字符进行替换，如需要将文本区的 "S1000" 修改成 "S800"，在程序编辑模式下则可通过此键进行操作。光标移至 "S1000" 字符上，在缓存区输入 "S800" 点按替换键，则文本区的 "S1000" 被 "S800" 所替换，如图 3-52 所示。

⑤ 插入键 [INSERT]：该键可以将缓存区中的字符输入到文本区中，如需要在光标处增加 "M00 ;" 程序段，在程序编辑模式下，则可通过此键进行操作。在缓存区输入 "M00 ;" 点按插入键，则在光标处后段出现了 "M00 ;" 程序段，如图 3-53 所示。

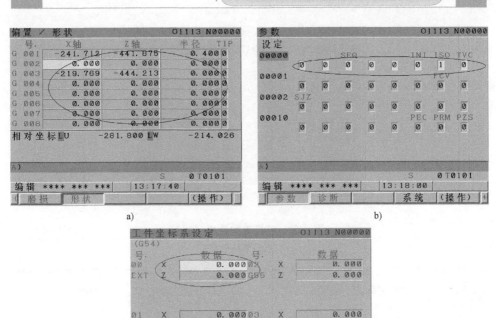

图 3-51　输入键的使用

a）刀具形状/磨损偏置值　b）参数设定值　c）G54~G59 坐标值

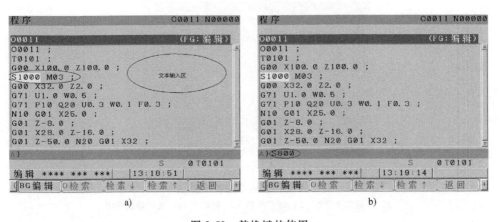

图 3-52　替换键的使用

a）需修改的程序　b）缓存区输入"S800"

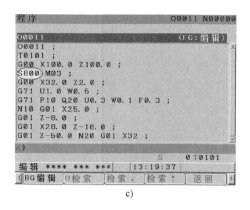

图 3-52　替换键的使用（续）

c）代码替换成功

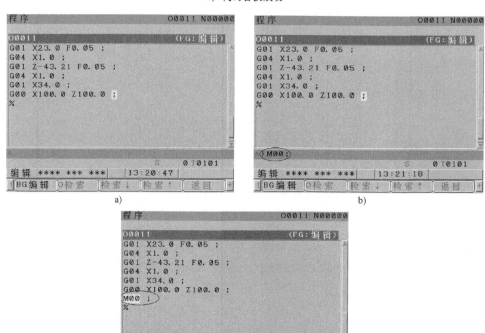

图 3-53　插入键的使用

a）光标当前位置　b）缓存区输入"M00;"　c）文档修改成功

⑥ 删除键：该键可以将文本区中的字符删除，也可以删除程序段。如需要删除"M30"字符，在程序编辑模式下，则可通过此键进行操作。将光标

移至"M30"字符上,点按删除键,文本区中的"M30"字符被删除,如图3-54所示。如需要删除某个程序,在程序编辑模式下,则也可通过此键进行操作。在缓存区中输入"O0011",点按删除键,程序列表中 O0011 程序被删除,如图 3-55 所示。

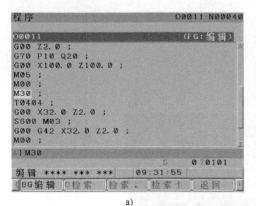

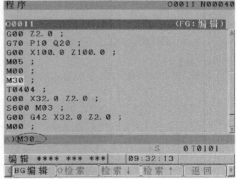

图 3-54 删除程序字符画面

a) 光标移至 M30 处 b) 缓存区输入"M30"字符 c)"M30"字符被删除

9) 翻页键:

① 向上翻页键 [PAGE] :该键用于当文本区内容较多时,文本区内容向前翻一页。

② 向下翻页键 [PAGE] :该键用于当文本区内容较多时,文本区内容向后翻一页。

10) 光标移动键:

① 向左移动键 [←] :该键用于将当前光标在文本区中向左移动(退格)一格。

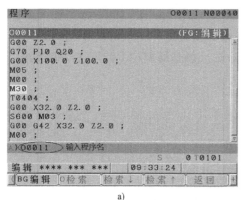
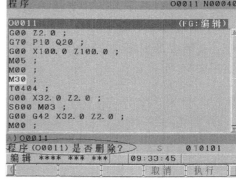

a)

b)

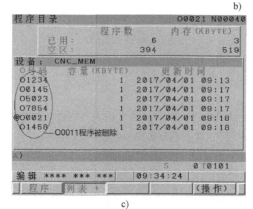

c)

图 3-55 删除整个程序的步骤

a）输入需删除的程序名 b）咨询是否删除 c）程序被删除

② 向右移动键 [→]：该键用于将当前光标在文本区中向右移动（进格）一格。

③ 向上移动键 [↑]：该键用于将当前光标在文本区中向上移动（退格）一格。

④ 向下移动键 [↓]：该键用于将当前光标在文本区中向下移动（进格）一格。

11）帮助键 [HELP]：点按此键可用来帮助操作者了解该系统的操作说明和机床常规报警的解决方法等。类似于一本简易的系统说明书，有较为详细的操作步骤说明。在任何功能模式下点按帮助键都可跳转至系统帮助界面，如图 3-56 所示。可以通过光标或者软菜单按钮选择"报警详述""操作方法"和"参数表"等功能。点按"报警"软菜单按钮进入报警详述功能，在缓存区输入需要查询的报警号如"SW100"，系统帮助界面跳转至该报警的详细信息，列出简易的报警原因和建议解决方法，如图 3-57 所示。

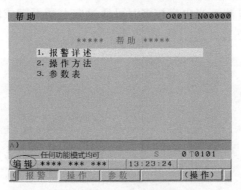

图 3-56 系统帮助界面

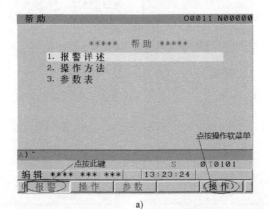

a)

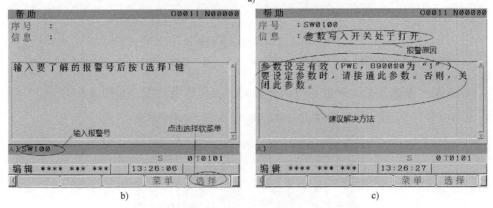

b) c)

图 3-57 报警详述的操作步骤

a) 待进入报警详述功能 b) 输入报警号 c) 报警详情

点按"操作"软菜单按钮进入操作方法功能，通过光标键移动至需要了解的操作步骤上，点按"操作"软菜单按钮，进入相应的操作方法帮助界面，列出较为详细的操作方法。当内容较多时可通过向上翻页键或向下翻页键进行操作选择，如图 3-58 所示。

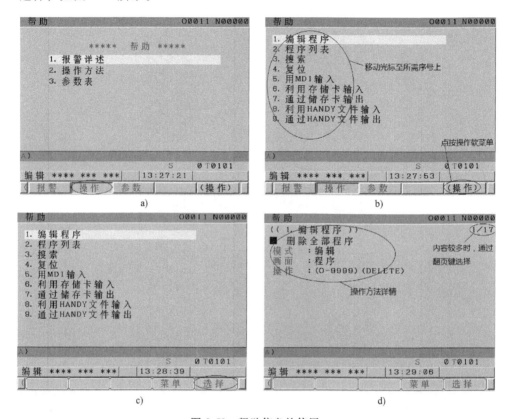

图 3-58 帮助信息的使用

a) 待进入操作方法界面 b) 选择需了解的内容 c) 点按"选择"按钮 d) 显示操作方法详情

点按"参数"软菜单按钮进入参数列表查询帮助功能，如图 3-59 所示。

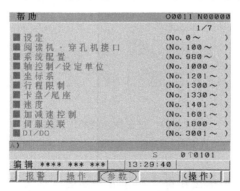

图 3-59 参数的查询和帮助画面

3.2.3　机床控制面板介绍

不同厂家所设计的机床面板布局有所差异，但面板上的图标及英文字符具有统一性。因考虑机床厂家的经济成本，一般不会针对某台机床特定设计一个面板，而是同一类型的机床设定一个模板的机床面板，所有机床上会出现一些按钮无实际操作功能的情况。通常而言，机床面板主要由机床开关机电源按钮、急停按钮，以及模式选择功能、轴向选择、切削进给修调按钮、主轴转速修调按钮、主轴手动正反转、主轴手动停止按钮、手动换刀按钮、手动冷却液开关按钮、手动轴向电动按钮，以及手摇脉冲轮等组成。本书将结合浙江凯达机床股份有限公司生产的 CK6136S 型数控车床的控制面板进行各按钮定义介绍及操作方法讲解。CK6136S 型数控车床的操作面板如图 3-60 所示。

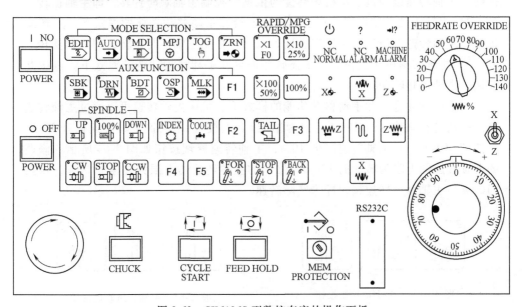

图 3-60　CK6136S 型数控车床的操作面板

1. 系统电源按钮

机床控制系统电源按钮如图 3-61 所示，其中"ON"为系统电源开，点按此按钮系统电源被打开；"OFF"为系统电源关，点按此按钮系统电源被切断。

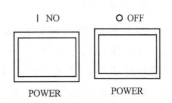

图 3-61　机床控制
系统电源按钮

2. 急停按钮

在任何时刻（包括机床在切削过程中）点按

此按钮，机床所有运动全部立即停止。一般在发生刀具碰撞或紧急突发状况时第一时间拍下该按钮，切断机床所有运动。释放紧急停止开关时沿旋转按钮方向旋转一定角度，受按钮内弹簧力的作用即自动释放。急停按钮如图 3-62 所示。

图 3-62　急停按钮

3. 主轴手动控制

数控机床的主轴有正转（CW）、反正（CCW）和停止（STOP）三个工作状态，不仅可以依靠数控程序控制，在手摇脉冲进给和手动移动功能的模式下，通过主轴手动控制按钮也可对其进行控制（主轴转速以上一次机床转速为依据）。主轴手动控制按钮如图 3-63 所示。

1）主轴手动正转按钮，在手摇脉冲进给和手动移动功能的模式下，点按此按钮，主轴转速以最近一次机床转速为依据，控制主轴顺时针转，即主轴正转。

2）主轴手动反转按钮，在手摇脉冲进给和手动移动功能的模式下，点按此按钮，主轴转速以最近一次机床转速为依据，控制主轴逆时针转，即主轴反转。

3）主轴转速停止按钮，在手摇脉冲进给和手动移动功能的模式下，点按此按钮，主轴停止转动。

在手摇脉冲进给和手动移动功能的模式下，机床主轴转速可以通过主轴转速修调按钮进行调整（以 100% 转速为基准）。点按 "UP" 键主轴转速提升 10%，点按 "DOWN" 键主轴转速降低 10%，主轴转速修调按钮如图 3-64 所示。修调的主轴转速的上限为转速的 120%，修调的主轴转速的下限为转速的 50%，点按 "100%" 主轴修调转速按钮即为实际转速。

图 3-63　主轴手动控制按钮

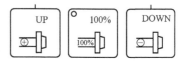

图 3-64　主轴转速修调按钮

4. 机床指示灯

为了更加直观判别机床处于什么运行状态，在机床面板上设置了一些指示灯，操作者可结合这些指示灯来判断机床处于什么运行状态。机床指示灯如图 3-65 所示。

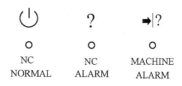

图 3-65　机床指示灯

5. 机床功能键

数控机床一般有程序编辑（EDIT）、自动加工（AUTO）、手动数据输入（MDI）、手摇轮（MPJ）、手动移动（JOG），以及回零（ZRN）等功能，机床操作面板把这类功能按钮归纳为模式选择（MODE SELECTION）模块。如图 3-66 所示。

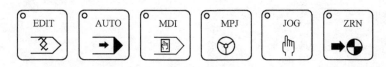

图 3-66　功能模式选择按钮

（1）程序编辑"EDIT"

点按此功能按钮，系统进入程序编辑功能，可实现新建程序、调用程序、修改程序和删除程序等功能。

开始新建程序操作步骤，确认程序保护钥匙处于"OFF"位置。

1）点按机床操作面板上的"EDIT"程序编辑按钮。

2）点按系统面板上的"PROG"程序显示按钮，此时 CRT 显示程序目录或显示单个程序的状态均可，如图 3-67 所示。

3）在缓存区输入程序名 O1234，如图 3-68 所示。

FANUC 程序名必须是 O+4 位数字组成（数字不足 4 位时数字前以 0 补足），如 O1234（系统中已有 O1234 程序名则出现"指定的程序已存在"报警，如图 3-69 所示）。

4）点按系统面板的"INSERT"键，新程序名被输入，如图 3-70 所示。

5）在缓存区输入程序段结束符"；"，如图 3-71 所示。

6）点按系统面板的"INSERT"键，程序段结束符"；"被输入，如图 3-72 所示。

（2）程序段指令的输入

1）按建立程序名的步骤，建立起有效的程序名。

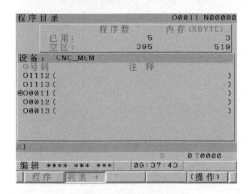

图 3-67　程序目录画面

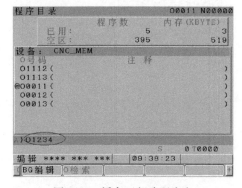

图 3-68　缓存区新建程序名

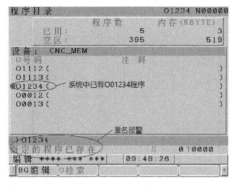

图 3-69　重名报警画面

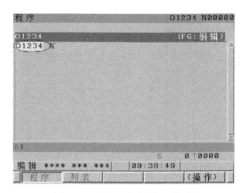

图 3-70　新程序名建立成功

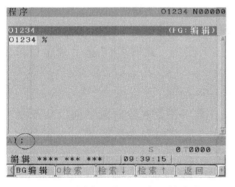

图 3-71　缓存区输入程序段结束符

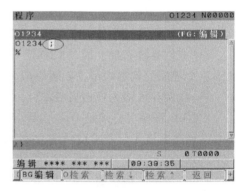

图 3-72　程序段结束符建立成功

2）在系统缓存区中输入需要键入的程序段，可一次输入一个程序段，或一次输入多个程序段。如图 3-73 和图 3-74 所示。

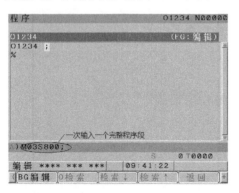

图 3-73　缓存区输入一个程序段

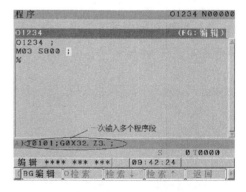

图 3-74　缓存区输入多个程序段

3）点按系统面板中的"INSERT"键，程序段被输入，如图 3-75 所示。

4）将所有程序段录入系统即可，如图 3-76 所示。如需将光标移至程序首段，点按系统面板"REST"按钮即可，如图 3-77 所示。

5）建立的程序名及程序段被自动保存，在程序目录表中可看到。

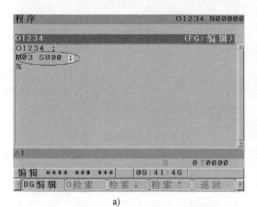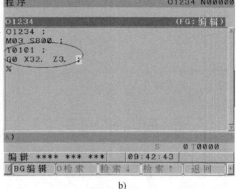

a)　　　　　　　　　　　　　　　　　b)

图 3-75　程序段被输入系统

a) 一个程序段被输入　b) 多个程序段同时被输入

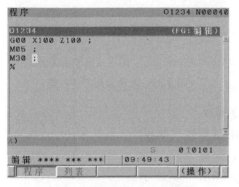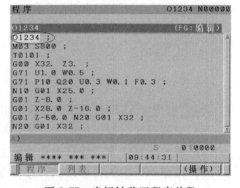

图 3-76　所有程序段录入系统　　　　　图 3-77　光标被移至程序首段

（3）对系统已有程序名进行检索并打开

1）点按机床操作面板上的"EDIT"程序编辑按钮。

2）点按系统面板上的"PROG"程序显示按钮，此时 CRT 显示程序目录或显示单个程序的状态均可。

3）在缓存区输入需要被检索的程序名，以 O1234 为例，如图 3-78 所示。

4）点按系统面板上的向下光标键，或者点按软菜单中的"O 检索"按钮，如图 3-79 所示。

5）检索完成，检索的程序被打开，如图 3-80 所示。如果系统中没有检索的程序名，那么系统将出现报警，如图 3-81 所示。

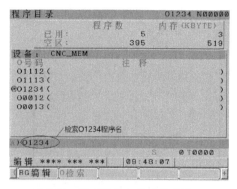

图 3-78　缓存区输入检索的程序名

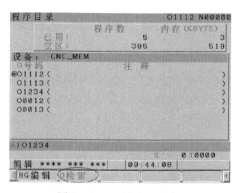

图 3-79　"O 检索"按钮

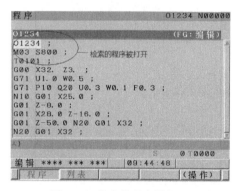

图 3-80　检索的程序被打开

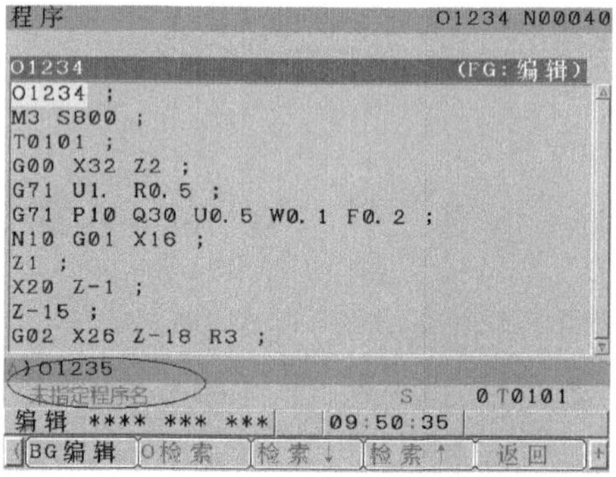

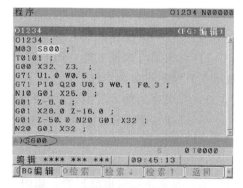

图 3-81　未检索到程序报警

（4）利用"ALTER"键进行程序指令修改

1）按照程序名检索的操作方法，调出需要修改的程序。

2）将光标移动至需要修改的指令上，如图 3-82 所示。

3）在缓存区输入待修改的程序指令，如图 3-83 所示。

4）点按系统面板上的"ALTER"键，指令修改成功，如图 3-84 所示。

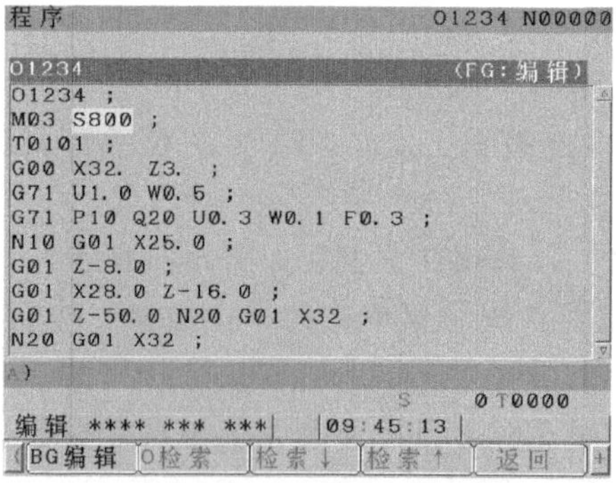

图 3-82　光标移动至需修改的指令上

图 3-83　在缓存区输入待修改指令

（5）利用"DELETE"键进行程序指令修改

1）按照程序名检索的操作方法，调出需要修改的程序。

2）将光标移动至需要修改的指令上。

3）点按系统面板上的"DELETE"按钮，光标上的指令被删除，并将光标前移一格，如图 3-85 所示。

4）在缓存区输入待修改的指令代码，如图 3-86 所示。

5）点按系统面板上的"INSERT"按键，完成指令修改，如图 3-87 所示。

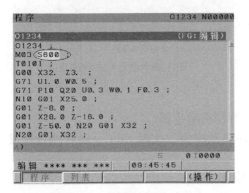

图 3-84　程序指令修改成功

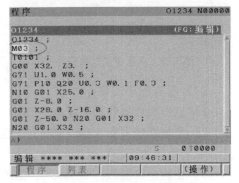

图 3-85　需修改指令被删除

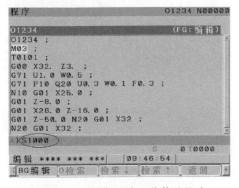

图 3-86　在缓存区输入待修改指令

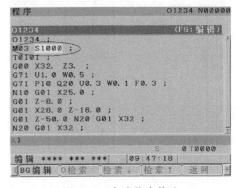

图 3-87　完成指令修改

（6）整个程序的删除

1）点按机床操作面板上的"EDIT"程序编辑按钮。

2）点按系统面板上的"PROG"程序显示按钮，此时 CRT 显示程序目录或显示单个程序的状态均可。

3）在缓存区输入需要被删除的程序名，以 O1234 为例，如图 3-88 所示。

4）点按系统面板上的"DELETE"按钮，系统跳出"程序（O1234）是否删除？"，需操作者确认，如图 3-89 所示。

5）点按软菜单上的"执行"按键，程序被删除，如图 3-90 所示。

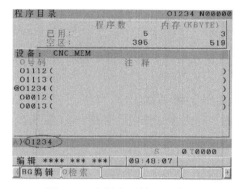

图 3-88　在缓存区输入程序名

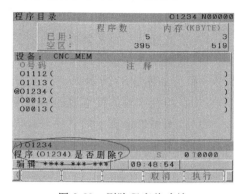

图 3-89　删除程序待确认

（7）所有程序的删除

1）点按机床操作面板上的"EDIT"程序编辑按钮。

2）点按系统面板上的"PROG"程序显示按钮，此时 CRT 显示程序目录或显示单个程序的状态均可。

3）在缓存区输入"O-9999"，如图 3-91 所示。

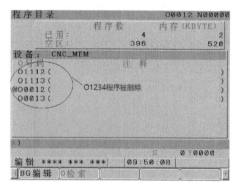

图 3-90　程序被删除

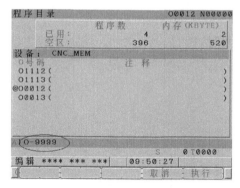

图 3-91　缓存区输入 O-9999

4）点按系统面板上的"DELETE"按钮，系统跳出"程序是否全部删除？"，需操作者确认，如图 3-92 所示。

5）点按软菜单上的"执行"按键，程序被删除，如图 3-93 所示。

（8）程序内容的复制与粘贴

1）点按机床操作面板上的"EDIT"程序编辑按钮。

2）点按系统面板上的"PROG"程序显示按钮，此时 CRT 显示程序目录或显示单个程序的状态均可。输入已有程序名，如 O0001，并打开程序，将光标移动至"M03"程序段上，如图 3-94 所示。

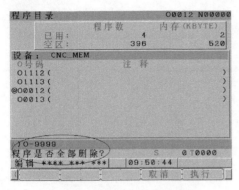

图 3-92 删除所有程序待确认

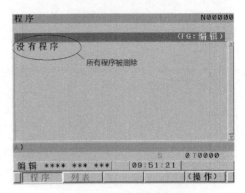

图 3-93 所有程序被删除

3）点按软菜单的向右扩展按钮，如图 3-95 所示。

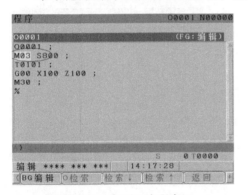

图 3-94 打开已有程序

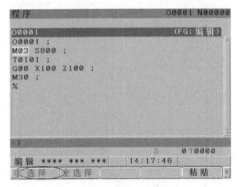

图 3-95 点按扩展按钮后

4）点按选择按钮，并选择需要复制的程序内容，选中后的内容显示为黄色，如图 3-96 所示。

5）点按"复制"按钮后，所选程序内容被复制到系统缓存中，光标自动移至选中程序内容的最后。如图 3-97 所示。

6）点按"粘贴"按钮，进入程序粘贴功能，如图 3-98 所示。

7）点按"BUF 执行"按钮，则在光标后粘贴刚才复制的内容，如图 3-99 所示。

（9）粘贴已有程序的整个程序段

1）点按机床操作面板上的"EDIT"程序编辑按钮。

2）点按系统面板上的"PROG"程序显示按钮，此时 CRT 显示程序目录或显示单个程序的状态均可。查看已有程序名，如 O1111，如图 3-100 所示。

3）重新建立一个新的程序，如 O0011，如图 3-101 所示。

4）点按向右扩展菜单，进入程序"粘贴"功能，如图 3-102 所示。

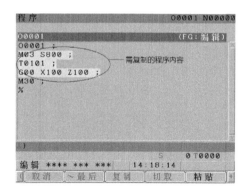

图 3-96 选择需复制的程序内容

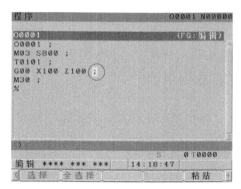

图 3-97 程序内容复制完成

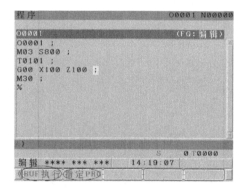

图 3-98 进入程序粘贴功能

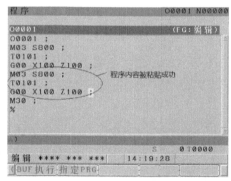

图 3-99 程序内容粘贴成功

5）点按"粘贴"按钮，进入粘贴选择画面，如图 3-103 所示。

6）点按"指定 PRG"按钮，指定程序名中的程序内容全部被粘贴过来。如图 3-104 所示。

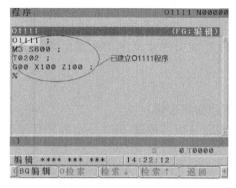

图 3-100 查看已建立的程序

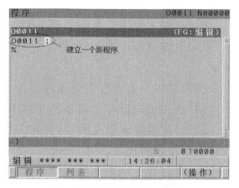

图 3-101 建立一个新程序

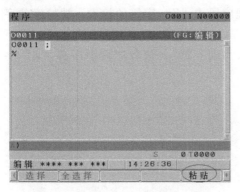

图 3-102　进入程序"粘贴"功能

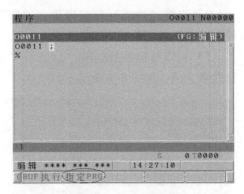

图 3-103　粘贴选择画面

（10）程序段中字符的搜索

为修改或查看一个程序段中某个特定的字符，如果采用逐个字符翻阅查看不但浪费时间，而且很容易漏检，系统已提供了字符自动搜索的方法进行快速检索。下面介绍检索程序中所有"Z"字符的方法：

1）点按机床操作面板上的"EDIT"程序编辑按钮。

2）点按系统面板上的"PROG"程序显示按钮，此时 CRT 显示程序目录

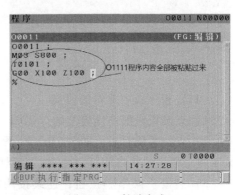

图 3-104　粘贴完成

或显示单个程序的状态均可。查看已有程序名，如 O6001，如图 3-105 所示。

3）点按"操作"按钮，进入程序操作画面，并在缓存区输入"Z"，如图 3-106 所示。

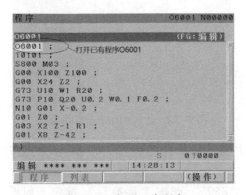

图 3-105　打开已有程序

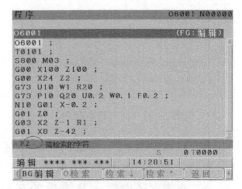

图 3-106　输入需检索字符

4) 点按"检索"按钮即可实现该程序段中"Z"字符的检索，被检索的字符成黄色显示。如图 3-107 所示。

5) 检索至程序最尾段，会显示"未找到字符"，该程序段中所有"Z"字符检索完成，如图 3-108 所示。

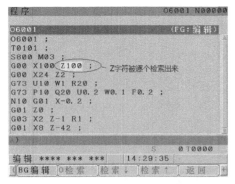

图 3-107　检索出所需字符

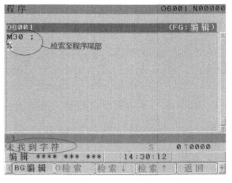

图 3-108　检索完成

（11）程序段中字符的替换

1) 点按机床操作面板上的"EDIT"程序编辑按钮。

2) 点按系统面板上的"PROG"程序显示按钮，此时 CRT 显示程序目录或显示单个程序的状态均可。查看已有程序名，如 O6001，如图 3-109 所示。

3) 点按"操作"按钮，连续按两次向右扩展软菜单，进入程序字符"替换"画面，如图 3-110 所示。

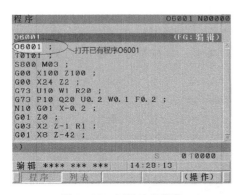

图 3-109　打开已有程序

图 3-110　进入程序字符替换画面

4) 点按"替换"按钮，在缓存区中输入需替换的字符"Z100"，并点按"替换前"按钮，如图 3-111 所示。

5) 在缓存区中输入替换后的字符"Z50"，点按"替换后"按钮，如图 3-112所示。

图 3-111　输入需替换的字符　　　　　图 3-112　输入替换后的字符

6）系统显示替换前、替换后的字符信息，如图 3-113 所示，点按"全执行"按钮，即完成字符替换功能。

（12）自动加工

对于已编辑完成并通过仿真模拟的程序，最终将利用"AUTO"自动加工模式对程序进行实体验证，并调试出合格产品。具体步骤如下：

1）点按机床操作面板上的"EDIT"程序编辑按钮。

2）点按系统面板上的"PROG"程序显示按钮，此时 CRT 显示程序目录或显示单个程序的状态均可。调出已有程序名，如 O6001，将光标移至程序开头，点按机床操作面板上的"AUTO"自动加工按钮，进入待加工状态，如图 3-114 所示；

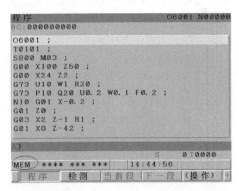

图 3-113　显示替换前、后字符信息　　　　图 3-114　待加工状态

3）点按"检测"按钮，将画面切换至"检视"窗口，以便观察程序的运行情况、坐标位置数据及切削速度等。"检视"窗口可显示绝对坐标值检视画面，如图 3-115 所示；也可以显示相对坐标值检视画面，如图 3-116 所示。

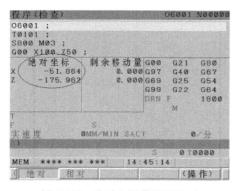

图 3-115　绝对坐标值检视画面

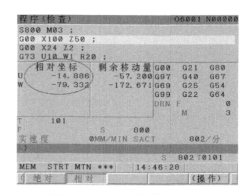

图 3-116　相对坐标值检视画面

数控机床自动运行过程中，在确保安全的前提下，为了提高效率，可以利用数控机床的"后台编辑功能"在机床加工的同时编写新程序（有些机床不具备该项功能）。

具体操作步骤如下：

① 在程序自动运行中点按"操作"按钮，如图 3-117 所示。

② 点按"BG 编辑"按钮，进入后台编辑模式，并点按"编辑"按钮，准备编写新程序，如图 3-118 所示。

③ 点按"程序"按钮进入编写新程序，并在缓存区输入新程序名，如 O1234，如图 3-119 所示。

④ 根据编写程序的步骤开始编写新程序，如图 3-120 所示，点按"BG 结束"按钮，后台编辑程序完成。退出后台编辑模式。目录中已将新编程序保存。

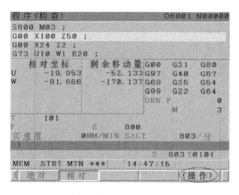

图 3-117　待进入后台编辑模式

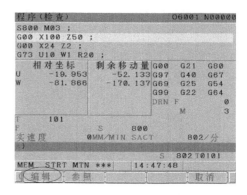

图 3-118　进入后台编辑模式

（13）手动数据输入功能

点按"MDI"按钮，数控系统进入手动数据输入功能模式，配合系统面板上的"PROG"键可进行程序的编写与运行。

（14）手摇脉冲进给功能

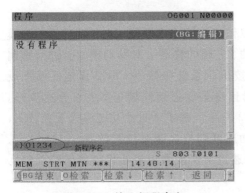
图 3-119　输入新程序名

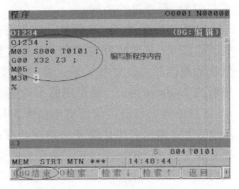
图 3-120　后台编辑输入程序内容

　　数控车床的 X 轴、Z 轴移动不仅可以依靠数控程序控制，在手摇脉冲进给功能下依靠手摇轮也能控制 X 轴、Z 轴的移动。手摇脉冲进给功能需要将手摇脉冲发生器、X/Z 轴拨档开关和倍率控制按钮配合使用，如图 3-121 所示。

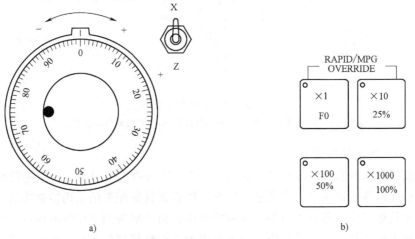
a)　　　　　　　　　　　　　　　　　b)
图 3-121　手摇脉冲进给功能
a) 手摇脉冲发生器及 X/Z 轴拨档开关　b) 倍率控制按钮

　　首先将 X/Z 轴拨档开关拨至相应轴档上，选取合适倍率控制按钮，旋转手摇脉冲发生器一个刻度，机床对应的轴即移动相应距离。移动的方向由手摇脉冲发生器的顺时针（正方向）或逆时针（负方向）旋转决定。倍率控制按钮移动量的 "×1" 表示旋转手摇脉冲发生器一个刻度移动量为 0.001mm，一般用于微量调整时使用；"×10" 表示旋转手摇脉冲发生器一个刻度移动量为 0.01mm，一般用于慢速移动或切削时使用；"×100" 表示旋转手摇脉冲发生器一个刻度移动量为 0.1mm，一般用于较快速移动使用；"×1000" 表示旋转手摇脉冲发生器一个刻度移动量为 1mm，一般用于快速移动使用。

（15）手动进给功能

数控车床的 X 轴、Z 轴移动不仅可以依靠数控程序控制，在手动进给功能模式下点按 X、Z 轴的方向键也能控制 X 轴、Z 轴的移动。其移动速度与进给修调倍率的拨档开关位置有关系，移动速度按机床系统参数 No.1423 设定，通常设定值为 2500mm/min，按设定的手动进给速度乘以进给修调倍率的百分比执行。X、Z 轴的方向和进给修调倍率如图 3-122 所示。在手动进给功能模式下点按 X、Z 轴的方向键同时按住快速移动键，移动速度则按机床系统参数 No.1424 设定，通常设定值为 3500mm/min，按设定的快速进给速度乘以进给修调倍率的百分比执行。

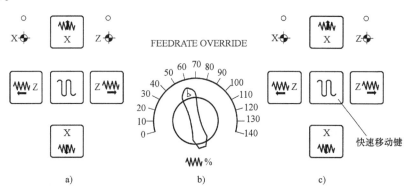

图 3-122   手动进给功能

a）X、Z 轴方向键   b）进给修调倍率   c）快速移动按钮

（16）机床回参考点功能

点按机床回参考点按钮的同时点按住 X、Z 轴的正方向键，机床进行回参考点功能即回零。机床是否需要进行回零操作根据其所配置的编码器来决定，如果配置的是绝对编码器则不需要进行回零操作；如果配备的是相对编码器，那么在机床开机时必须进行回零操作，否则机床的坐标数据将会混乱导致切削路径不准确，甚至出现撞刀等安全事故。特别要注意的是，如果该机床配置的是绝对编码器，那么在使用过机床"锁定"功能后必须将机床系统进行重启；如果该机床配置的是相对编码器，那么在使用过机床"锁定"功能后必须进行机床回零操作。

（17）程序运行控制功能开关

1）单节程序控制按钮。在 AUTO 模式或者 MDI 模式下执行程序，如果点按此按钮，可实现程序段的单节程序控制，即每按一次"循环启动"按钮，系统执行一个程序段的程序，运行完当前段程序后"循环启动"按钮运行指示灯显红色。需再次点按"循环启动"按钮系统才会执行下一个程序段。在程序运行过程中可点按单节程序控制按钮"SBK"使单节程序控制功能生效或失效。"循环启动"按钮和"进给保持"按钮如图 3-123 所示。

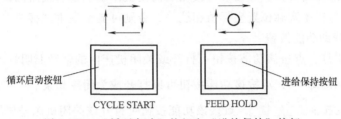

图 3-123 "循环启动"按钮和"进给保持"按钮

2）选择性暂停按钮 。程序中有 M01 指令，该程序在 AUTO 模式或者 MDI 模式下执行，在系统执行 M01 代码前，点按此按钮，系统执行到"M01"程序段时，程序暂停；如果在执行"M01"程序段后点按此按钮，程序就不执行暂停功能，继续执行下一程序段。

一般在生产过程中首件零件需要暂停调试，批量生产不需要调试时，用该功能选择是否执行程序段的暂停。

3）程序空运行按钮 。在 AUTO 模式或者 MDI 模式下执行程序，如果点按该按钮，则程序中的进给速度无效，机床进给速度按空运行进给速度执行（按参数 No. 1410 设定，通常设定值为 2500mm/min）。一般在机床运动轴锁定状态下，校验数控程序是否正确，提高仿真模拟速度时用，在零件切削时用该功能要特别小心（通常只有在空运行时方能使用该功能），以防出现撞刀等情况。

4）程序跳段按钮 ，在 AUTO 模式或者 MDI 模式下执行程序，点按该按钮，程序在运行时不执行带有"/"的程序段，如图 3-124 所示。当该功能被关闭时系统执行所有程序段。一般在一个程序既要用于调整，又要用于批量生产时，可将部分程序段加上跳段符"/"标识。

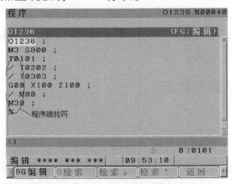

图 3-124 程序跳段功能的使用

5）机床坐标锁定按钮，点按该按钮，机床的运动轴被锁住（主轴旋转不受限），在手动或程序执行下都无法移动，但系统坐标可以随着指令变动。一般用于程序的仿真模拟。点按过该按钮后需使机床断电重启或回机械零点，使系统坐标数值与机床实际位置坐标值相统一，否则可能会发生"撞机"事故。

（18）辅助功能按钮

1）照明灯，点按该功能按钮可打开或关闭机床内的辅助照明灯。

2）手动冷却，点按该功能按钮可以打开或关闭冷却泵。

3）手动排屑，点按该功能按钮可打开或关闭机床排屑器。

4）刀架旋转，在手动模式或手摇轮脉冲模式下，点按此功能按钮，刀架旋转一个工位。

5）手动卡盘松紧，点按该功能按钮，可控制液压卡盘夹紧或松开工件。夹紧力可通过液压力来调整。

6）手动尾座伸缩，点按该功能按钮，可控制液压尾座的伸缩。伸缩顶针力可通过液压力来调整。

7）待定义按钮，机床一般都会预留一些按钮用于用户的升级和开发。

3.3 数控车床对刀

数控车床的对刀操作，是操作数控车床的重要步骤之一，如果对刀步骤不正确，对刀数值不对，可能会使刀具无法切削工件或直接导致工件尺寸报废，也可能发生"撞刀"或更严重的安全事故。所以操作者必须熟练掌握对刀的方法和技巧。

目前有部分机床装有自动对刀仪，操作相对简单，但其价格相对昂贵。本书中介绍的是常见的手工对刀。

3.3.1 对刀点的选择与确定

1. 对刀点

对刀点是用来确认工件坐标系与机床坐标系中位置的基准点。对刀点可以选择在工件上或工装夹具上，无论选择在什么位置，都必须满足对刀点与工件坐标点相对准确、合理、便于编程计算的原则，对于数控车床而言，一般选择工件的旋转中心点作为对刀点。

2. 换刀点

通常而言，数控车床切削加工需要多把刀具完成一个工件的加工，不同工序可能用不同刀具进行加工，所以工件在加工过程中需要经常换刀，换刀时应满足刀架旋转时不能与工装夹具、工件、机床附件等发生碰撞的要求。为提高加工效率，选择合理的换刀点也非常重要。换刀点与工件编程原点的关系如图 3-125 所示。

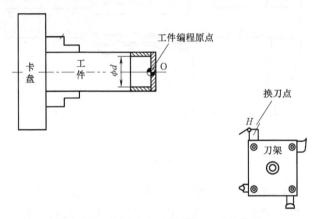

图 3-125 换刀点与工件编程原点的关系

3.3.2 数控车床常见量具的识别与规范使用

数控车床对刀通常需要借助量具才能完成，选择的量具精度要与工件加工精度相适应。

1. 数控车床对刀的常见量具

1）钢直尺：钢直尺用于测量零件的长度尺寸，由于钢直尺的刻线间距为 1mm，而刻线本身的宽度就有 0.1~0.2mm，所以测量时读数误差比较大，如果用钢直尺直接去测量零件的直径尺寸（轴径或孔径），则测量精度更差（见图 3-126）。其原因是：除了钢直尺本身的读数误差比较大以外，还由于钢直尺无法正好放在零件直径的正确位置。所以，钢直尺一般用于测量零件毛坯或测量零件伸出卡盘的距离等。

图 3-126 钢直尺

2）游标卡尺：游标卡尺是精密的长度测量仪器，它的量程为 0~110mm，分度值为 0.1mm，由内量爪、外量爪、紧固螺钉、尺框、尺身、游标和深度尺组成，游标卡尺的结构如图 3-127 所示。

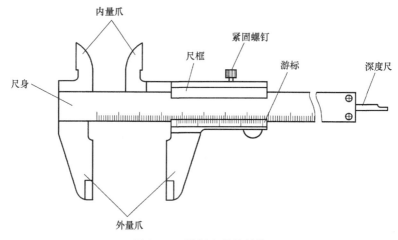

图 3-127　游标卡尺的结构

游标卡尺的零位校准方法：先松开尺框上的紧固螺钉，将尺框平稳拉开，并用布将测量面、导向面擦干净。然后检查"零"位。轻推尺框，使卡尺两个量爪测量面合并，观察游标"零"刻线与尺身"零"刻线是否对齐，游标尾刻线与尺身相应刻线是否对齐。如果没有对齐，则应送计量室或有关部门调整。

游标卡尺的测量方法（外径）：先松开游标卡尺的紧固螺钉，向后移动外测量爪，使两个外测量爪之间的距离略大于被测物体。然后将待测物置于两个外测量爪之间，向前推动活动外测量尺，至活动外测量尺与被测物接触为止。尽量在测量时读数，看游标卡尺的零刻度线与主尺的哪条刻度线对准，以此读出毫米的整数值。

提示：

① 测量内孔尺寸时，量爪应在孔的最大直径上测量。

② 测量深度尺寸时，应使深度尺杆与被测工件底面相垂直。

3）百（千）分尺：各种百分尺的结构大同小异，常用的外径百分尺用于测量或检验零件的外径、凸肩厚度以及板厚或壁厚等（测量孔壁厚度的百分尺，其量面呈球弧形）。百分尺由尺架、测微头、测力装置和锁紧装置等组成。如图 3-128所示是测量范围为 0~25mm 的外径百分尺。尺架的一端装着固定测砧，另一端装着测微螺杆。固定测砧和测微螺杆的测量面上都镶有硬质合金，以提高测量面的使用寿命。尺架的两侧面覆盖着绝热板，使用百分尺时，手拿在绝热板上，防止人体的热量影响百分尺的测量精度。

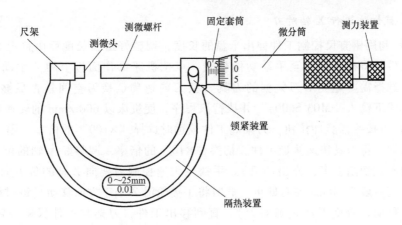

图 3-128 0~25mm 外径百分尺

百分尺的具体读数方法可分为 3 步：

① 读出固定套筒上露出的刻线尺寸，一定要注意不能遗漏应读出的 0.5mm 的刻线值。

② 读出微分筒上的尺寸，要看清微分筒圆周上哪一格与固定套筒的中线基准对齐，将格数乘 0.01mm 即得微分筒上的尺寸。

③ 将上面两个数相加，即为百分尺上测得的尺寸。

如图 3-129a 所示，在固定套筒上读出的尺寸为 8mm，微分筒上读出的尺寸为 27（格）×0.01mm＝0.27mm，以上两数相加即得被测零件的尺寸为 8.27mm；如图 3-129b 所示，在固定套筒上读出的尺寸为 8.5mm，在微分筒上读出的尺寸为 27（格）×0.01mm＝0.27mm，以上两数相加即得被测零件的尺寸为 8.77mm。

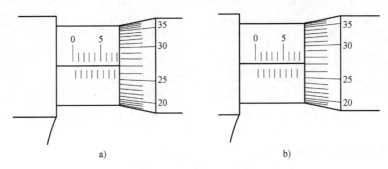

图 3-129 外径百分尺读数

3.3.3 数控车床的常见对刀方法

本节主要介绍采用试切法利用游标卡尺等量具进行 X 轴对刀和 Z 轴对刀。

1. 试切法进行 X 轴对刀

1) 利用钢直尺控制工件伸出卡盘的长度，调整好适当长度后用自定心卡盘夹紧工件。将机床切换至手动功能模式，点按机床操作面板上的"手动换刀"按钮，选择需要建立对刀数据的刀具（换刀前请确认换刀空间是否足够）。在 MDI 模式下输入"M03 S600;"并执行该程序，使机床以 600r/min 的转速正转。

2) 点按手摇脉冲按钮，刀架离工件较远时选择"×100"的倍率，用手摇轮移动刀架，将刀具快速接近工件，切换"×10"的倍率，调整好 X 轴的位置（X 轴方向不宜切削太多，光出即可）。手摇轮匀速控制刀架向 Z 轴的负方向运动，车削长度一般为 10mm 左右即可。此时将手摇轮沿 Z 轴正方向移动（该过程中 X 轴不可移动，否则无法正确对刀）。直到移出工件，刀架与工件保持一定测量距离。

3) 点按系统面板上的"REST"按钮，使机床主轴停止转动。

4) 利用游标卡尺，测量出已加工圆柱表面的尺寸，点按系统面板的"OFF/SET"按钮，调出刀具"偏置/形状"界面，如图 3-130 所示。

5) 在缓存器中输入测量出的圆柱表面尺寸值"X30.16"，点按软菜单的"测量"按钮，X 轴的对刀完成，如图 3-131 所示。

在通常情况下，当刀具在刀架上没有被拆动过时，该刀具的 X 轴对刀数据不会变动。

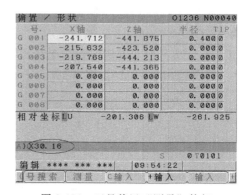

图 3-130　刀具"偏置/形状"界面　　　　图 3-131　刀具偏置"测量"按钮

2. 试切法进行 Z 轴对刀

1) 将机床切换至手动功能模式，点按机床操作面板上的"手动换刀"按钮，选择需要建立对刀数据的刀具（换刀前请确认换刀空间是否足够）。在 MDI 模式下输入"M03 S600;"并执行该程序，使机床以 600r/min 的转速正转。

2) 点按手摇脉冲按钮，刀架离工件较远时选择"×100"的倍率，用手摇轮移动刀架，将刀具快速接近工件，切换"×10"的倍率，调整好 Z 轴的位置，利用手摇轮移动刀架向 X 轴均匀移动，将工件端面切出。反向移动 X 轴直到刀具移出工件为止（如已切出零件端面，则使刀具移至刚接触工件端面的位置即可）。

3）点按系统面板上的"REST"按钮，使机床主轴停止转动。

4）点按系统面板的"OFF/SET"按钮，调出刀具"偏置/形状"界面，如图 3-132 所示。

5）在缓存器中输入"Z0"，点按软菜单的"测量"按钮，Z 轴的对刀完成，如图 3-133 所示。

在通常情况下，该刀具的 Z 轴对刀数据会与工件装夹时伸出的长短有关，为保证批量生产所需，应设置 Z 轴定位夹具，使该刀具的 Z 轴对刀值有效。

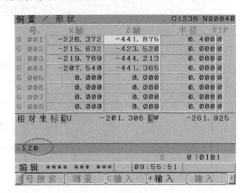

图 3-132 刀具"偏置/形状"界面　　　　　图 3-133 Z 轴对刀界面

自测题：

1. 在编写宏程序时，若需要将"[ ]"与"（）"切换应如何操作？

2. 如何利用 CF 卡将电脑上的程序复制到数控车床中去？

3. 简述数控车床系统控制面板上"程序运行单节控制"按钮的意义和使用场合。

4. 简述如何利用数控系统"图像仿真"功能对编制的程序进行校验。

数控车床编程与操作实例

数控车床加工流程一般包括准备阶段、工艺制订阶段、细则决策阶段、执行实施阶段、过程控制阶段和评价阶段，其具体流程如图 4-1 所示。

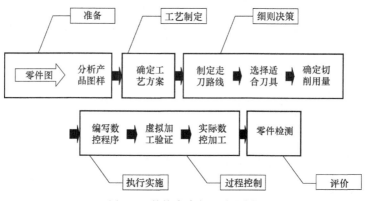

图 4-1　数控车床加工流程图

以带螺纹阶梯轴零件加工（材料为铝）为例，零件图如图 4-2 所示。通过分析产品、加工准备、图样分析、加工工艺分析、数控程序编制和产品尺寸精度测量等规范操作数控车床，图解数控车床车削过程操作，指导操作者遵守操作规

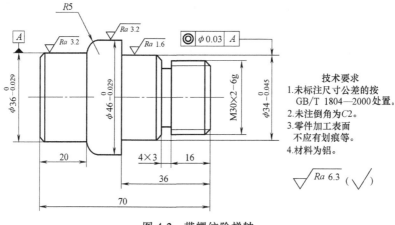

图 4-2　带螺纹阶梯轴

程，养成文明生产、安全生产的良好习惯。

4.1　零件分析

带螺纹阶梯轴属于较为典型的轴类零件，通过零件图分析该零件的主要加工要点如下：

1）零件主要由圆柱、螺纹、退刀槽、倒角、圆弧面等构成，材料为铝，属于中等加工难度。

2）零件右端有螺纹，加工工艺安排应先加工左端，然后夹持左端保证工件总长，完成右端零件加工。

3）左端 $\phi 36$mm 的轴线与 $\phi 46$mm 的轴线同轴度要求限定在直径等于 $\phi 0.03$mm 的圆柱面内，为保证加工精度，制订加工工艺时候尽量考虑一次装夹完成。

4）M30×2-6g 螺纹具有加工精度，需采用螺纹环规进行精度检测。

5）零件表面 $\phi 36$mm、$\phi 34$mm 和 $\phi 46$mm 三处直径尺寸有精度要求，需采用粗车和精车工艺完成，量具选用 25～50mm 的千分尺。

6）该零件 $\phi 36$mm 和 $\phi 46$mm 处的表面粗糙度为 $Ra3.2\mu m$，$\phi 34$mm 处的表面粗糙度为 $Ra1.6\mu m$，其余表面粗糙度均为 $Ra6.3\mu m$，数控车削完全可以达到，无须特殊工艺。

7）该零件总长为 70mm，精度为自由公差，左端加工后掉头装夹，用百分表校验跳动度控制在 $\phi 0.05$mm 内即可保证精度。

4.2　加工准备

4.2.1　毛坯选择

根据零件图分析，选择 $\phi 50$mm×74mm 的圆柱毛坯。材料为铝，毛坯如图4-3所示。

4.2.2　加工设备的选择

加工设备选用 CK6136S 数控车床（FANUC 0i Mate-TD 数控系统），夹具采用自定心卡盘，如图 4-4 所示。

4.2.3　精度检测量具的选择

1）先 0～100mm 钢直尺，用于检测

图 4-3　铝棒毛坯

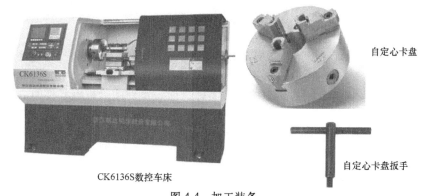

自定心卡盘

自定心卡盘扳手

CK6136S数控车床

图 4-4 加工装备

毛坯尺寸是否符合要求，辅助工件装夹伸出卡盘的长度等。

2）0~150mm 游标卡尺，精度为 0.02mm，用于对刀测量数据，检测零件长度、直径和槽宽（深）尺寸等。游标卡尺根据样式不同大致可分为普通游标卡尺、带表游标卡尺和数显游标卡尺三种，其组成结构如图 4-5 所示。

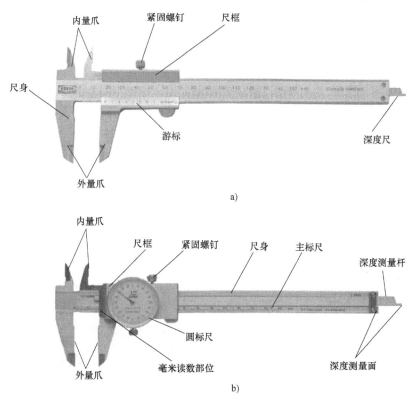

图 4-5 游标卡尺

a）普通游标卡尺 b）带表游标卡尺

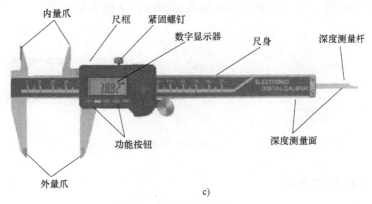

c)

图 4-5　游标卡尺（续）

c）数显游标卡尺

3）25～50mm 千分尺，精度为 0.02mm，用于检测精度较高的尺寸，如 ϕ34mm、ϕ36mm 和 ϕ46mm 等尺寸精度要求较高的尺寸。常见的千分尺可分为刻度千分尺与数显千分尺，其结构如图 4-6 所示。

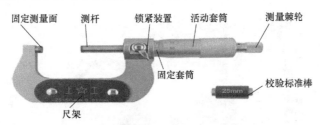

图 4-6　千分尺

4）M30×2-6g 螺纹环规，用于检测 M30×2 螺纹是否合格，要求螺纹环规的通规能够顺利拧完螺纹段，螺纹环规的止规不可拧入螺纹（允许拧入距离小于止规的 2/3 厚度），螺纹环规如图 4-7 所示。

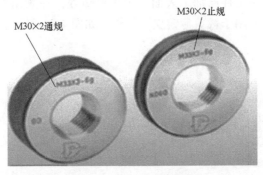

图 4-7　M30×2 螺纹环规

5）半径规，用于检测 $R5mm$ 圆弧的精度，如图 4-8 所示。

图 4-8　半径规

4.2.4　辅具的选择

1. 磁力表座架、百分表、铜棒

磁力表座架和百分表用于工件的校正、找正，其样式如图 4-9 所示。铜棒用于找正、校正工件，通常配合磁力表座架和百分表等使用。其样式如图 4-10 所示。

图 4-9　磁力表座架和百分表的样式

2. 薄铜皮、剪刀

薄铜皮用于包在工件已加工表面，防止夹伤等，一般用厚度为 0.1mm 左右的薄铜皮即可，剪刀用于裁剪薄铜皮，其样式如图 4-11 所示。

图 4-10　铜棒的样式　　　　　　图 4-11　薄铜皮、剪刀

3. 护目镜、工作服、劳保鞋

数控操作中应严格按照要求着装，以防加工过程中伤及身体，一般情况下要求带护目镜，防止铁屑等飞入眼睛；工作服要求不能太松垮，将袖口纽扣等扣上；劳保鞋要求防砸，防止工件等其他物品掉落，保护操作者的脚。护目镜、工作服、劳保鞋如图 4-12 所示。

图 4-12　护目镜、工作服、劳保鞋

4.3　加工工艺分析

4.3.1　拟定加工工艺方案

车削带螺纹阶梯轴时，分两次装夹，以 $\phi46$mm 右端面为分界点。先粗、精车加工左端，再粗、精车加工右端，然后切槽，最后切螺纹。左端加工完成后应包铜皮防止夹伤并用千分表进行校正装夹。该带螺纹阶梯轴零件的加工工艺方案如下：

1）用卡盘夹住工件外圆长棒，找正夹紧。

2）粗车、精车平面及 $\phi36$mm、$\phi46$mm、$R5$mm 外圆，倒角 $C2$。

3）调头铜皮包夹，夹住外圆 $\phi36$mm 找正夹紧。

4）定总长，加工 $\phi34$mm、$\phi30$mm 外圆、4mm×3mm 的退刀槽和 M30×2-6g 螺纹。

5）清洁卫生、保养机床。

4.3.2　切削刀具的选择

根据图样要求选择刀具如下：主偏角 93° 刀尖角 55° 的外圆车刀，3mm 切槽刀，外螺纹车刀。查询刀具手册选择的刀杆见表 4-1，刀具形状见图 4-13 所示。

表 4-1　刀杆刀片信息

序号	刀杆型号	刀片型号	备注
1	SCLCR2020K09C	CCMT09308HQ	外圆车刀
2	MGEHR2020-3KC	MGMN300-M	切槽刀
3	SER2020K16C	16ERAG60	外螺纹车刀

图 4-13　加工所需的刀具及扳手

4.3.3　拟定切削用量

结合实际机床、刀具、毛坯等情况，选取合适的切削用量见表 4-2。

表 4-2　数控车削切削用量

	主轴转速/(r/min)	进给速度/(mm/r)	切削深度/mm
粗加工	650~800	0.15~0.2	2.0~3.0
精加工	1200~1500	0.08~0.12	0.3~0.5
切槽	350	0.08	—
切螺纹	400~450	根据导程定	—

4.3.4　加工工艺卡的制订

根据工件图样分析、加工刀具选择、切削量选择、加工工艺分析等综合考虑，制订详细的加工工艺卡见表 4-3。

表 4-3　加工工艺卡

序号	工步名称	工步内容	夹具	刀具	量具
1	车左端面	夹毛坯右端伸出 43mm 左右，车削毛坯左端面	自定心卡盘	外圆车刀	游标卡尺

（续）

序号	工步名称	工步内容	夹具	刀具	量具
2	粗车左端外形轮廓	粗车左端外圆轮廓留有0.5mm精加工余量	自定心卡盘	外圆车刀	游标卡尺
3	精车左端外形	精车左端外圆轮廓至尺寸精度	自定心卡盘	外圆车刀	外径千分尺（25~50mm）
4	调头装夹	装夹φ36mm处，以φ36mm处为基准，用百分表校核跳动误差。车右端面并保证总长至尺寸精度	自定心卡盘	外圆车刀	游标卡尺
5	粗车右端外形轮廓	粗车右端外形轮廓，留有0.5mm精加工余量	自定心卡盘	外圆车刀	游标卡尺
6	精车右端外形	精车零件的右端外形，至尺寸精度	自定心卡盘	外圆车刀	外径千分尺（25~50mm）
7	加工螺纹退刀槽	加工 4mm×3mm 的退刀槽	自定心卡盘	切槽刀，刀宽 3mm	游标卡尺
8	加工 M30×2 的外螺纹	加工 M30×2 的外螺纹	自定心卡盘	外螺纹车刀	螺纹环规（M30×2-6g）

4.4 加工程序的编制

数控车床程序编制是有一定规律可循的，只要找到了一个编程的方法，编制的程序不仅错误率会降低而且编程效率也会得到提高。作者结合多年的教学经验总结出一套较为合理的数控车床编程样式。编程可根据下列模板进行：

① 换刀（T0101）；

② 主轴运转（M03 S800）；

③ 快速定位（G00X100Z100）；

④ 切削液开（M8）；

⑤ 车削（G71，G70 等）；

⑥ ---------- （零件轮廓）

⑦ 返回（G00 X100Z100）；

⑧ 切削液关（M09）；

⑨ 主轴停转（M05/M30）；

数控车床的程序按这个模板进行编制即可，不同的加工工序适当更改零件轮廓的程序即可。可满足数控车床程序编制的便捷、高效、可靠要求。

带螺纹阶梯轴参考程序如下：

左端程序：

M03 S800；

T0101；（外圆车刀）

G00 X52 Z2；

G71 U1. 5 R0. 5；

G71 P10 Q20 U0. 5 W0. 1 F0. 2；

N10 G01X32 F0. 1；

G01 Z1；

X36 Z-1；

Z-20；

G03 X46 Z-25 R5；

G01 Z-40；

右端程序：

M03 S800；

T0101；（外圆车刀）

G00 X52 Z2；

G71 U1. 5 R0. 5；

G71 P30 Q40 U0. 5 W0. 1 F0. 2；

N30 G01 X24 F0. 1；

G01 Z1；

X30 Z-2；

Z-20；

X32；

X34 Z-21；

Z-36；

N40 G01 X52；

G00 X100 Z100；

M05；

M00；

M03 S1200；

T0101；（外圆车刀）

G00 X52 Z2；

G70 P30 Q40；

N20 G01 X52；

G00 X100 Z100；

M05；

M00；

M03 S1200；

T0101；（外圆车刀）

G00 X52 Z2；

G70 P10 Q20；

G00 X100 Z100；

M05；

M30；

G00 X100 Z100；

M05；

M00；

M03 S450；

T0202；（切槽刀）

G00 X36 Z2；

Z-19；

G01 X26 F0. 08；

G04 X0. 1；

G01 X36；

G01 Z-20；

G01 X26 F0. 08；

G04 X0. 1；

G01 X36；

G00 X100 Z100；

M05；

M00；

M03 S450；

T0303；（螺纹车刀）

G00 X32 Z2；

G92 X30 Z-18 F2;	X26.2;
X28.7;	X26.1;
X27.8;	G00 X100 Z100;
X27.2;	M05;
X26.6;	M30;

4.5　数控程序的录入及对刀操作

4.5.1　数控程序的录入及仿真

1）将机床面板模式选择开关切换到编辑模式下，如图 4-14 所示。

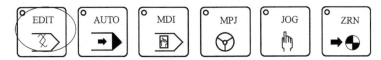

图 4-14　切换到编辑模式

2）建立程序名，以 O + 4 位数字组成，如 O0007，创建成功后如图 4-15 所示。

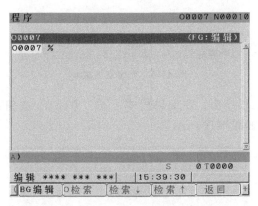

图 4-15　创建新程序名

提示：

① 建立新程序名时不可录入 "；"，否则将出现格式错误报警，如图 4-16 所示。

② 建立新程序名时不可与原有程序名重复，否则将出现程序名重复报警，如图 4-17 所示。

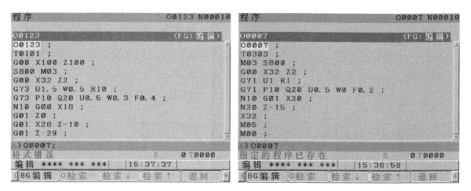

图 4-16　格式错误报警　　　　　　　　图 4-17　程序名重复报警

3）录入程序（每段程序以；结束），系统自动保存程序，录入完毕后如图 4-18 所示。

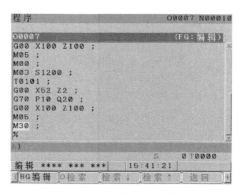

图 4-18　程序录入成功

4）将程序移至程序头，在编辑模式下按"REST"按钮或者按光标键，使光标移至程序头，如图 4-19 所示。

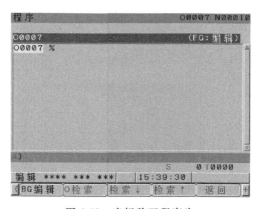

图 4-19　光标移至程序头

5）将机床面板模式选择开关切换至自动加工模式下，如图 4-20 所示。

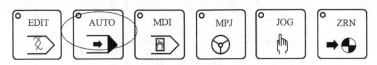

图 4-20　切换至自动加工模式

6）对已编辑好的程序进行程序模拟仿真，按下机床面板上的"机床锁定键"，以保证机床的安全，如图 4-21 所示。

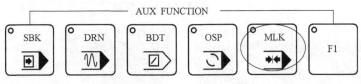

图 4-21　按下"机床锁定键"

提示：

按过"机床锁定键"后机床的各移动轴被锁住（机床主轴仍然会转动），系统坐标数值会随着程序变化。此时需使机床重新回零，方可进行对刀或自动加工。

7）按下"图像显示键"，并调整好 CRT 显示画面比例，如图 4-22 所示。

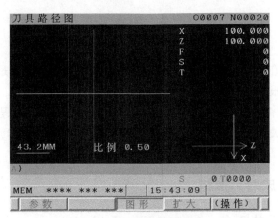

图 4-22　图像显示画面

8）按下机床操作面板上的"循环切削键"，如图 4-23 所示，此时系统坐标移动，但机床实际坐标不动，以确保安全。

9）仿真模拟结束后，系统面板上出现刀具移动轨迹，如图 4-24 所示，观察图像显示与所加工的零件轮廓是否一致。

提示：

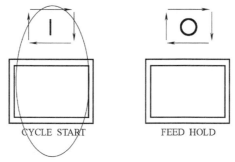

图 4-23 按下"循环切削键"

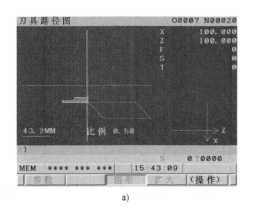 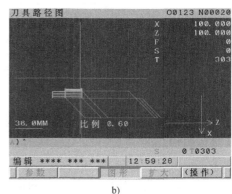

a)   b)

图 4-24 程序仿真图

a) 左端仿真图   b) 右端仿真图

刀具移动轨迹与切削轮廓有一定差别,请勿混淆,在仿真过程中如果出现程序错误,机床会报警并终止仿真。

10) 如果程序正确,则结束程序录入及校验工作;如果程序错误,请在编辑模式下修改相关程序,并重新进行校验工作,步骤同 5)~9),直至模拟出正确的仿真图形。

4.5.2 数控车床对刀操作

1. 工件左端面对刀

将 φ50mm 圆柱毛坯通过自定心卡盘装夹,且伸出距离控制在 40~45mm 之间。装夹需稳定可靠,保证刀架回转与工件不发生碰撞。

为了使编程原点与工件零点建立起相对固定的关系,需要完成"对刀"步骤,试切法对刀详细步骤如下所示。

(1) 利用试切法进行 Z 轴对刀

选择外圆车刀车削端面,并保证车削出完整端面即可(端面车削尺寸不可过大，否则无法保证工件总长），此时应沿 X 轴方向退出至毛坯外。找到相应刀具号输入 Z 值测量，即完成了外圆车刀的 Z 轴对刀。

1）将机床切换至手动功能模式，点按机床操作面板上的"手动换刀"按钮，选择需要建立对刀数据的刀具（换刀前请确认换刀空间是否足够）。在 MDI 模式下输入"M03 S600;"并执行该程序，使机床以 600r/min 的转速正转。

2）点按手摇脉冲按钮，刀架离工件较远时选择"×100"的倍率，用手摇轮移动刀架，将刀具快速接近工件，切换到"×10"的倍率，调整好 Z 轴的位置，利用手摇轮移动刀架 X 轴均匀移动，将工件端面切出。反向移动 X 轴直到刀具移出工件为止（如果已切出零件端面，则使刀具移至刚接触工件端面的位置即可）。

3）点按系统面板上的"REST"按钮，使机床主轴停止转动。

4）点按系统面板的"OFF/SET"按钮，调出刀具偏置形状界面，如图3-130所示。

5）在缓存器上输入"Z0"，点按软菜单的"测量"按钮，Z 轴的对刀完成，如图 4-25 所示。

通常情况下，该刀具的 Z 轴向对刀数据会因工件装夹时伸出的长短有关，为保证批量生产所需。会制订 Z 轴定位夹具，使该刀具的 Z 向对刀数据有效。

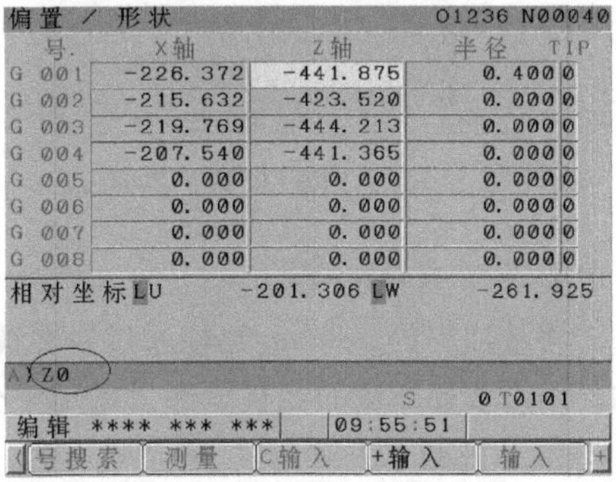

（2）利用试切法进行 X 轴对刀

图 4-25 Z轴完成对刀

选择外圆车刀手动车削毛坯直径，切削深度不宜过大，沿 Z 轴退出至一定距离，保证测量有足够空间即可。停止主轴转动，通过游标卡尺读取被车削的圆柱直径。找到相应刀具号输入"X46.78"（假设为被测圆柱直径值），即完成了外圆车刀的 X 轴对刀。观察刀具偏置值 X 数据的变化。

1）将机床切换至手动功能模式，点按机床操作面板上的"手动换刀"按钮，选择需要建立对刀数据的刀具（换刀前请确认换刀空间是否足够）。在手动功能模式下输入"M03 S600;"并执行该程序，使机床以 600r/min 的转速正转。

2）点按"手摇脉冲"按钮，刀架离工件较远时选择"×100"的倍率，用手摇轮移动刀架，将刀具快速接近工件，切换到"×10"的倍率，调整好 X 轴的位置（X 方向不宜切削太多，光出即可）。手摇轮匀速控制刀架向 Z 轴的负方向运动，车削长度一般在 10mm 左右即可。此时将手摇轮沿 Z 轴正方向移动（该过程中 X 轴不可移动，否则无法正确对刀），直到移出工件，刀架与工件保持一定测量距离。

3）点按系统面板上的"REST"按钮，使机床主轴停止转动。

4）利用游标卡尺测量出已加工圆柱表面的尺寸，点按系统面板上的"OFF/

SET"按钮,调出刀具"偏置/形状"界面,如图 4-26 所示。

5)在缓存器上输入测量出的圆柱表面尺寸值"X49.66",点按软菜单的"测量"按钮,X 轴的对刀完成,如图 4-27 所示。

通常情况下,刀具在刀架上没有被拆动过时,该刀具的 X 轴向对刀数据不会变动。

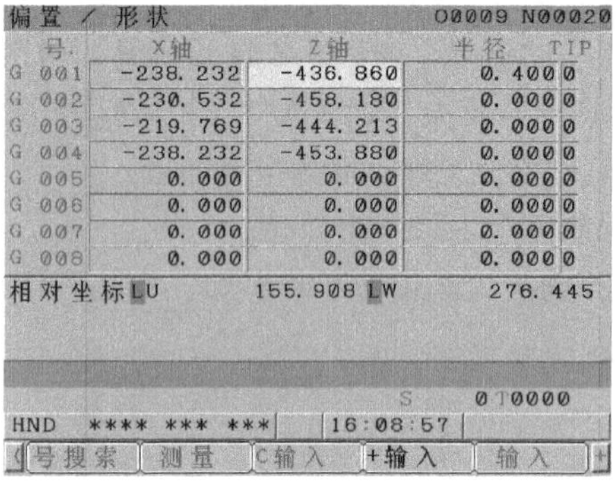

偏置 / 形状			O0009 N00020
号.	X轴	Z轴	半径 TIP
G 001	-238.232	-436.860	0.400 0
G 002	-230.532	-458.180	0.000 0
G 003	-219.769	-444.213	0.000 0
G 004	-238.232	-453.880	0.000 0
G 005	0.000	0.000	0.000 0
G 006	0.000	0.000	0.000 0
G 007	0.000	0.000	0.000 0
G 008	0.000	0.000	0.000 0

相对坐标 LU   155.908 LW   276.445

                                        S   0 T0000
HND **** *** ***   16:08:57
(号搜索 测量 C输入 +输入 输入 +

图 4-26 刀具"偏置/形状"界面

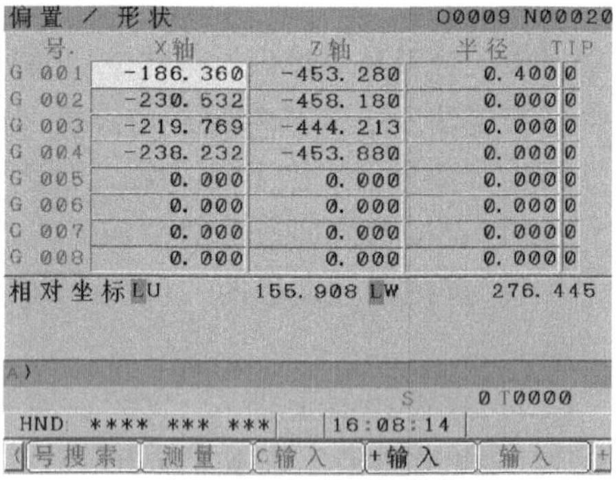

偏置 / 形状			O0009 N00020
号.	X轴	Z轴	半径 TIP
G 001	-186.360	-453.280	0.400 0
G 002	-230.532	-458.180	0.000 0
G 003	-219.769	-444.213	0.000 0
G 004	-238.232	-453.880	0.000 0
G 005	0.000	0.000	0.000 0
G 006	0.000	0.000	0.000 0
G 007	0.000	0.000	0.000 0
G 008	0.000	0.000	0.000 0

相对坐标 LU   155.908 LW   276.445

A)
                                        S   0 T0000
HND **** *** ***   16:08:14
(号搜索 测量 C输入 +输入 输入 +

图 4-27 X 轴完成对刀

2. 工件右端面对刀

将被加工的 φ36mm 圆柱通过包夹铜皮后利用自定心卡盘装夹,装夹稳定可靠。结合普通车床的找正方法,采用千分表找正,使跳动度在图样要求范围内。

(1)外圆车刀对刀

在保证刀架回转与工件不发生碰撞的情况下,选择外圆车刀车削端面,并保证工件总长(可分多次车削端面,每次端面车削尺寸不可过大),在最后一次车削端面确保总长后,应沿 X 轴方向退出至毛坯外。找到相应刀具号输入 Z 值测量,即完成了外圆车刀的 Z 轴对刀,观察刀具偏置值 Z 数据的变化。

手动车削毛坯直径,切削深度不宜过大,沿 Z 轴退出至一定距离,保证测量有足够空间即可。停止主轴转动,通过游标卡尺读取被车削的圆柱直径。找到相应刀具号输入"X46.78"(假设为被测圆柱直径值),即完成了切槽刀的 X 轴对刀,观察刀具偏置值 X 数据的变化。

(2)切槽刀对刀

在保证刀架回转与工件不发生碰撞的情况下,选择切槽刀完成切槽刀对刀,使切槽刀左端切削刃与已加工端面接触即可。找到相应刀具号输入 Z 值测量,即完成了切槽刀的 Z 轴对刀,观察刀具偏置值 Z 数据的变化。

手动车削毛坯直径时,切削深度不宜过大,沿 Z 轴退出至一定距离,保证测量有足够空间即可。停止主轴转动,通过游标卡尺读取被车削的圆柱直径。找到相应刀具号输入"X46.78"(假设为被测圆柱直径值),即完成了切槽刀的 X

轴对刀，观察刀具偏置值 X 数据的变化。

（3）螺纹刀对刀

在保证刀架回转与工件不发生碰撞的情况下，选择外螺纹车刀完成外螺纹车刀对刀，主轴不转动，使外螺纹刀的切削刃与已加工端面在 Z 轴同一平面内即可。找到相应刀具号输入 Z 值测量，即完成了外螺纹车刀的 Z 轴对刀，观察刀具偏置值 Z 数据的变化。

手动车削毛坯直径，切削深度不宜过大，沿 Z 轴退出至一定距离，保证测量有足够空间即可。停止主轴转动，通过游标卡尺读取被车削的圆柱直径。找到相应刀具号输入 "X46.78"（假设为被测圆柱直径值），即完成了外螺纹车刀的 X 轴对刀，观察刀具偏置值 X 数据的变化。

对刀的详细步骤同左端对刀方法，所有刀具对刀完成后，刀具偏置情况如图 4-28 所示。

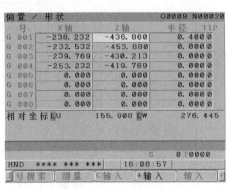

图 4-28　右端对刀值

4.6　程序调试与精度测量

4.6.1　数控车床程序调试

1）数控车床自动加工操作，利用仿真模拟通过的程序，在自动加工模式下实现自动加工，加工过程中请严格按照以下步骤进行以保证安全。在编辑模式下选择加工程序，并将光标移至程序头，程序待加工状态如图 4-29 所示。

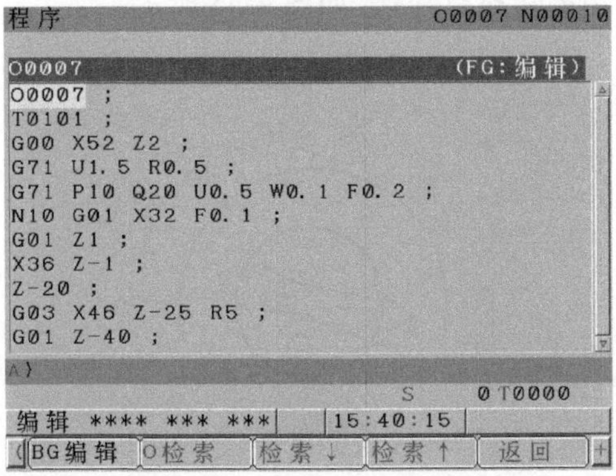

图 4-29　程序待加工状态

2）为避免机床 G00 程序执行速度过快，可将快速移动倍率切换至 25% 的状态，如图 4-30 所示。

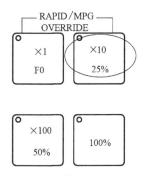

图 4-30   快速移动倍率切换至 25% 的状态

3）将模式选择开关切换至自动加工模式，如图 4-31 所示。

图 4-31   自动加工模式

4）打开单步执行开关，如图 4-32 所示。

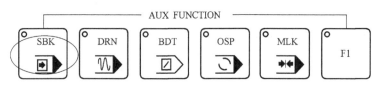

图 4-32   单步执行开关

5）将切削进给倍率切换至 0%，如图 4-33 所示。

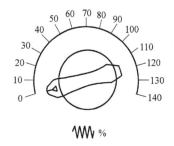

图 4-33   进给切削倍率切换至 0%

6）左手点按循环加工按钮，右手调整切削进给倍率按钮，如图 4-34 所示。

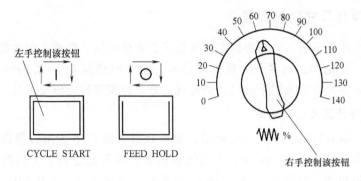

图 4-34　开始切削时左右手分工

7）开始切削时，眼睛一边看机床的运动情况，一边观察数控系统 CRT 显示屏上的剩余坐标数值，如果移动情况正常则继续执行，如果判断有异常则应及时按"REST"按钮或急停按钮，使机床停止运动。

8）当机床安全移动至快速定位后且判断位置情况正常，表示该刀具对刀基本正确，可取消单步执行按钮。左手控制进给修调倍率，右手放在"REST"按钮边上，观察机床运动情况，如果有异常情况应及时按该按钮，如图 4-35 所示。

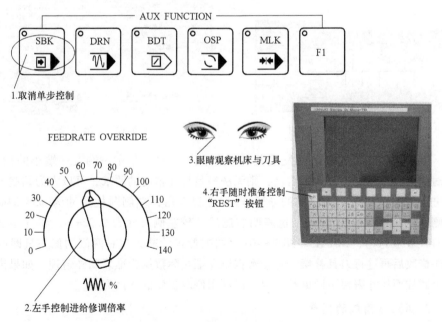

图 4-35　切削过程中手眼分工

9）粗加工结束后，用量具测量工件尺寸，进行刀具偏置补偿。

10）精加工［步骤按 4)~9）执行］。

4.6.2 零件尺寸精度测量

数控车床的车削工艺与普通车床车削工艺有所不同，数控车床主要利用数控程序控制零件轮廓，通常分为粗车和精车，粗车时预留 0.3~0.5mm 的加工余量。根据该零件特性选取千分尺、圆弧规、螺纹环规等作为测量工具。

1. 零件外圆尺寸的测量

粗加工结束后用千分尺进行测量，测得数据如图 4-36 所示，根据千分尺读数，识读出该尺寸为 36.53mm，此时读取的数值应与理论粗加工后的数值进行比较（理论粗加工数值应为 36.5mm），实际尺寸比理论尺寸大 0.03mm，为了使零件尺寸落在公差带中，应给系统补偿 -0.04mm 为佳。在该刀具的磨损补偿中输入 "-0.04"，如图 4-37 所示。

经过精加工后再去测量该尺寸数值，如果尺寸落在公差带中则表明合格，如果还有余量则利用同样方法继续补偿并进行精加工。

图 4-36 粗加工后的尺寸

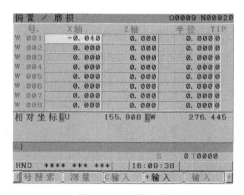

图 4-37 X 轴补偿

同一直径的圆柱车削后发现其尺寸存在不一致，存在一端大一端小的情况，此时如果简单地调整刀具补偿量，则无法满足尺寸精度的要求，可以人为编制成锥度进行调整。如同一圆柱体的 φ36mm 尺寸粗车后，左侧圆柱尺寸为 φ36.54mm，右侧圆柱尺寸为 φ36.56mm，这表明右侧尺寸较左侧尺寸大 0.02mm。将程序更改为 G01 X36 F0.1；G01 X35.98 Z-20；（将右侧尺寸减去左右两侧的偏差量即可），程序修改后再进行刀具补偿，补偿数据以左端实际数据为准。同样道理，如果出现两个圆柱面尺寸需要不同量补偿也可以利用修改程序的方法完成。

2. R5mm 圆弧的测量

一般没有精度的圆弧通过粗车、精车就能保证其加工精度，用相应的半径规进行校验即可。检测方法为用眼睛观察是否均匀透光，如图 4-38～图 4-40 所示。

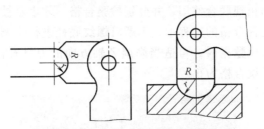

图 4-38　工件圆弧与半径规圆弧基本一致

图 4-39　工件圆弧小于半径规圆弧　　　　图 4-40　工件圆弧大于半径规圆弧

3. M30×2-6g 螺纹的测量

一般而言，编程时预留 0.3mm 左右的余量，在切削加工后用通规进行检验，如果通规未能通过，则在相应刀具补偿中输入一定量的负值，重复加工、检验。如果通规能完全通过，则需用螺纹止规进行检验。要求通规能够顺利通过整段螺纹，如图 4-41 所示，止规只能通过两个螺距左右的距离，如图 4-42 所示，在两种情况都满足的情况下即可判定该螺纹合格。

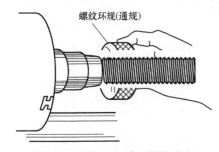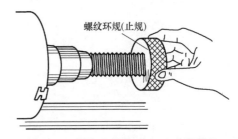

图 4-41　螺纹通规旋至螺纹底部　　　　图 4-42　螺纹止规旋至 1～2 个螺距处

螺纹通规检验测量过程：首先要清理干净被测件螺纹上的油污及杂质，然后在环规与被测件螺纹对正后，用大拇指与食指转动环规，若能使其在自由状态下旋合通过螺纹全部长度则判定为合格，否则判定为不合格。

螺纹止规检验测量过程：首先要清理干净被测螺纹上的油污及杂质，然后在环规与被测螺纹对正后，用大拇指与食指转动环规，如果旋入螺纹长度在两个螺距之内后止住则判定为合格，否则判为不合格品。

只有当通规和止规联合使用，并分别检验合格，才表示被测工件合格。

在检测螺纹是否合格的过程中，不断对螺纹底径进行修调，但当修调数据明显小于理论螺纹底径数据时，可适当修调 Z 轴方向的刀具补偿量，如图 4-43 所示，直至修调至螺纹合格为止。

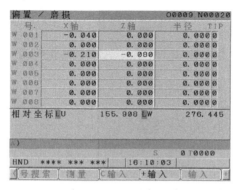

图 4-43　刀具磨损补偿量

自测题：

1. 若机床在加工过程中出现软限位报警，且硬限位具有足够的行程空间，试阐述调试方法及步骤。

2. 试分析车刀车削端面时还有一个"小圆点"不能被车削掉的原因及解决方案。

3. 试阐述数控车床单件车削时如何保证工件的总长。

4. 试简要阐述如何利用刀架定位实现批量生产。

第  章

数控车床编程练习题

　　本章主要提供了难易不等的 10 套图样，请根据图样制订数控车削加工工艺（单件小批量生产），所用机床为 CK6136S 数控车床（FANUC 0i Mate-TD 数控系统），并编制加工程序。

5.1　数控车床中级工试件练习题

5.1.1　螺纹短轴零件（图 5-1）

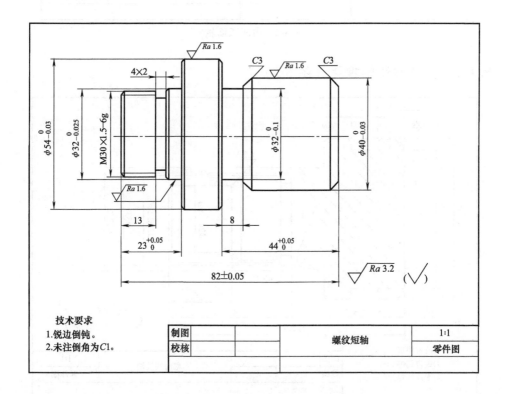

图 5-1　螺纹短轴

5.1.2　内凹弧面轴零件（图 5-2）

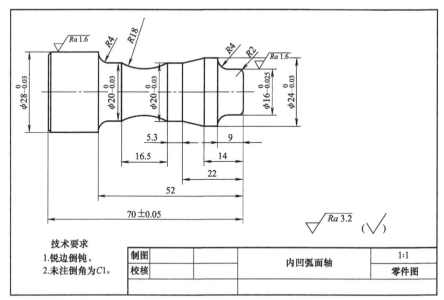

图 5-2　内凹弧面轴

5.1.3　宽槽螺纹轴零件（图 5-3）

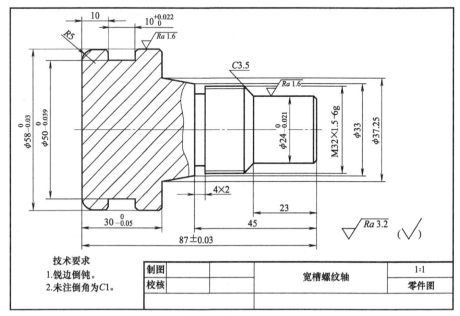

图 5-3　宽槽螺纹轴

5.1.4　多台阶轴零件（图 5-4）

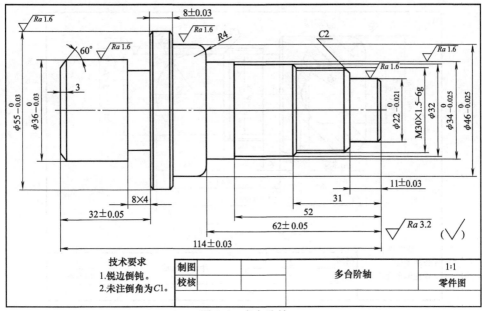

技术要求
1.锐边倒钝。
2.未注倒角为C1。

制图			多台阶轴	1:1
校核				零件图

图 5-4　多台阶轴

5.1.5　带斜度球面轴零件（图 5-5）

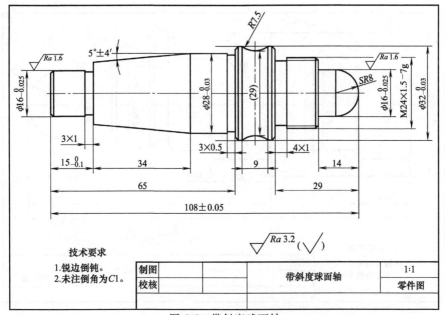

技术要求
1.锐边倒钝。
2.未注倒角为C1。

制图			带斜度球面轴	1:1
校核				零件图

图 5-5　带斜度球面轴

5.1.6 半球内孔轴类零件（图 5-6）

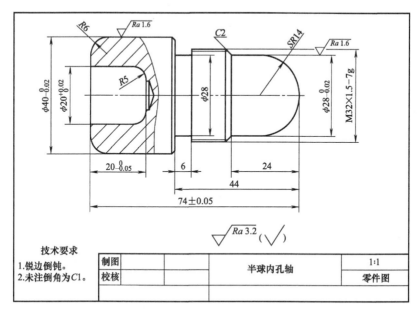

图 5-6 半球内孔轴

5.1.7 台阶盲孔轴类零件（图 5-7）

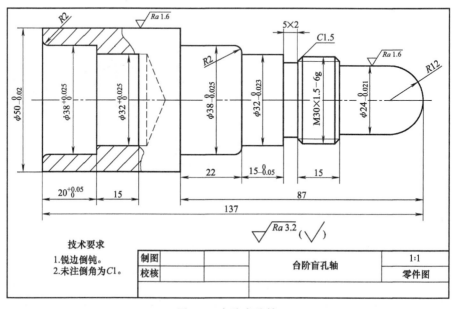

图 5-7 台阶盲孔轴

5.1.8　长通孔轴类零件（图 5-8）

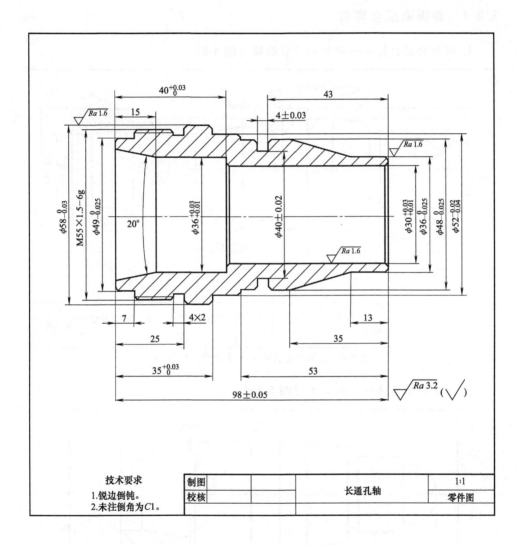

图 5-8　长通孔轴

5.2 数控车床高级工练习题

5.2.1 短锥面配合零件

1. 短锥面配合件——锥面套、短锥轴（图 5-9）

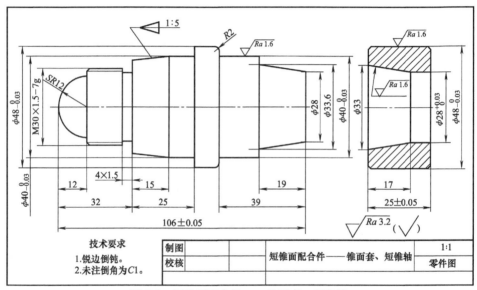

图 5-9 短锥面配合件——锥面套、短锥轴

2. 短锥面配合件——组合体（图 5-10）

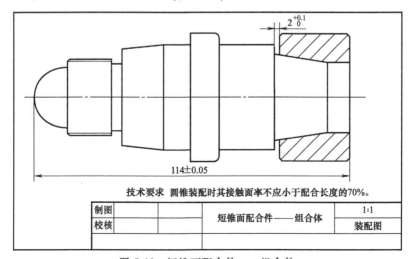

图 5-10 短锥面配合件——组合件

5.2.2　螺纹配合零件

1. 螺纹配合件——伞柄螺纹轴（图 5-11）

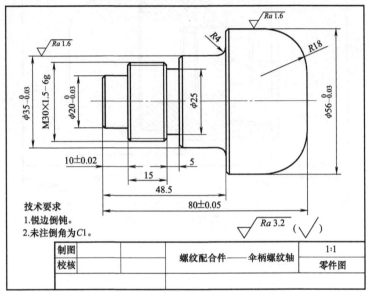

图 5-11　螺纹配合件——伞柄螺纹轴

2. 螺纹配合件——螺纹套（图 5-12）

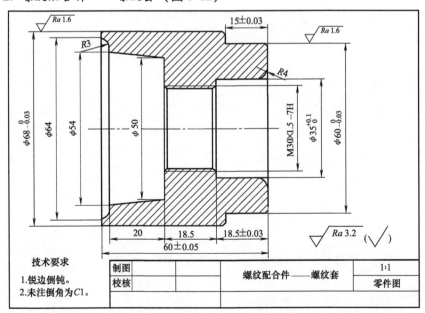

图 5-12　螺纹配合件——螺纹套

3. 螺纹配合件——组合体 (图 5-13)

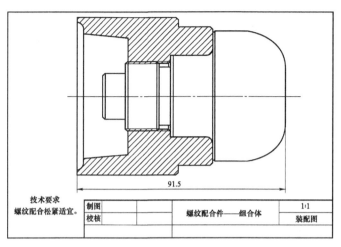

技术要求
螺纹配合松紧适宜。

| 制图 | | 螺纹配合件——组合体 | 1:1 |
| 校核 | | | 装配图 |

图 5-13 螺纹配合件——组合体

附 ● 录

附录 A 数控加工技术的常用术语

为了方便读者参阅相关数控技术资料，在此选择了一些常用的数控技术词汇及其对应英语单词。

1）计算机数值控制（Computerized Numerical Control，CNC）——用计算机控制加工功能，实现数控制。

2）轴（axis）——机床的运动部件，可以沿着其做直线移动或回转运动的基准方向。

3）机床坐标系（machine coordinate system）——固定于机床上，以机床零点为基准的笛卡儿坐标系。

4）机床坐标原点（machine coordinate origin）——机床坐标的原点。

5）工件坐标系（work-piece coordinate system）——固定于工件上的笛卡儿坐标系。

6）工件坐标原点（work-piece coordinate origin）——工件坐标的原点。

7）机床零点（machine zero）——由机床制造商规定的机床原点。

8）参考位置（reference position）——机床启动用的沿着坐标轴上的一个固定点，它可以以机床坐标原点为参考基准。

9）绝对尺寸（absolute dimension）/绝对坐标值（absolute coordinates）——距一坐标原点的直线距离或角度。

10）增量尺寸（incermental dimension）/增量坐标值（incermental coordinates）——在一系列点的增量中，各点距前一点的距离或角度值。

11）最小输入增量（least input dimension）——在加工程序中可以输入的最小增量值单位。

12）最小命令增量（least command dimension）——从数值控制装置发出的最小增量单位。

13）插补（interpolation）——在所需的路径或轮廓线上的两个已知点间，根据某一数学函数（例如：直线、圆弧或高阶函数），确定其多个中间点的位置坐标值的运算过程。

14）直线插补（line interpolation）——这是一种插补方式，在此方式中，两点间的插补沿着直线的点群来逼近，沿直线控制刀具的运动。

15）圆弧插补（circular interpolation）——这是一种插补方式，在此方式中，根据两端点的插补数字信息，计算出逼近实际圆弧的点群，控制刀具沿这些点运动，加工出圆弧曲线。

16）顺时针圆弧（clockwise arc）——刀具参考点围绕轨迹中心，按负角度方向旋转所形成的轨迹。

17）逆时针圆弧（counter-clockwise arc）——刀具参考点围绕轨迹中心，按正角度方向旋转所形成的轨迹。

18）手工零件编辑（manual part programming）——手工进行零件加工程序的编制。

19）计算机零件编辑（computer part programming）——用计算机通用后置处理器生成相应的代码，从而得到加工所需程序。

20）绝对编程（absolute programming）——用表示绝对尺寸的控制字进行编程。

21）增量编程（incremental programming）——用表示增量尺寸的控制字进行编程。

22）字符（character）——用于表示某一组织或控制数据的一组元素符号。

23）控制字符（control character）——出现于特定的信息文本中，表示某一控制功能的字符。

24）地址（address）——以一个控制字开始的字符或一组字符，用以辨认其后的数据。

25）程序段格式（block format）——字、字符和数据字在一个程序中的安排。

26）指令码（instruction code）——计算机指令代码，机器语言，用来表示指令的代码。

27）程序号（programm number）——以号码识别加工程序时，在每一程序的前端指定的编号。

28）程序名（programm name）——以名称识别加工程序时，为每一程序指定的名称。

29）指令方式（command mode）——指令的工作方式。

30）程序段（block）——程序中为了实现某种操作的一组指令的集合。

31）零件程序（part programm）——在自动加工中，为了使自动操作有效，按某种语言或某种格式书写的顺序指令集。零件程序是写在输入介质上的加工程序，也可以是为计算机准备的输入程序并经处理后得到的加工程序。

32）加工程序（machine programm）——在自动加工控制系统中，按自动控制语言和格式书写的指令集。这些指令集记录在适当的输入介质上，完全能实现直接的操作。

33）程序结束（end of programm）——指出工件加工结束的辅助功能。

34）数据结束（end of date）——在程序段的所有命令执行完成后，使主轴功能和其他功能（例如冷却功能）均被删除的辅助功能。

35）准备功能（preparatory function）——使机床或控制系统建立加工功能方式的命令。

36）辅助功能（miscellaneous function）——控制机床或系统的开关功能的一种命令。

37）刀具功能（tool function）——依据相应的格式规范，识别或调入刀具及与之有关功能的技术说明。

38）进给公告（feed function）——定义进给速度技术规范的命令。

39）主轴速度功能（spindle speed function）——定义主轴速度技术规范的命令。

40）进给保持（feed hold）——在加工程序执行期间，暂时中断进给的功能。

41）刀具轨迹（tool path）——切削刀具上规定点走过的轨迹。

42）零点偏置（zero offset）——数控系统的一种特征。它容许数控测量系统的原点在指定范围内相对于机床零点移动，但其永久零点应存在在数控系统中。

43）刀具偏置（tool offset）——在一个加工程序的全部或指定部分，施加于机床坐标系轴上的相对位移。该轴的位移方向由偏置值的正负来确定。

44）刀具长度偏置（tool length offset）——在刀具长度方向上的偏置。

45）刀具半径偏置（tool radius offset）——刀具在两个坐标方向的刀具偏置。

46）刀具半径补偿（cutter compensation）——垂直于刀具轨迹的位移，用来修正实际的刀具半径与编程的刀具半径的差异。

47）刀具轨迹进给速度（tool path feed-rate）——刀具上的基准点沿着刀具轨迹相对于工件移动时的速度，其单位通常以每分钟或每转的位移量来表示。

48）固定循环（fixed cycle，canned cycle）——预先设定的一些操作命令，根据这些操作命令使机床坐标轴运动，主轴工作，从而完成固定的加工动作。例如，钻孔、镗削、攻螺纹以及这些加工的复合动作。

49）子程序（subprogram）——加工程序的一部分。子程序可由适当的加工控制命令调用而生效。

50）工序单（planning sheet）——在编制零件的加工工序前为其准备的零件加工过程表。

51）执行程序（executive programm）——在 CNC 系统中，建立运行能力的指令集合。

52）倍率（override）——使操作者在加工期间能够修改速度的编程值（进给率、主轴转速等）的手工控制功能。

53）伺服机构（servo-mechanism）——这是一种伺服系统，其中被控量为机械位置或机械位置对时间的导数。

54）误差（error）——计算值、观察值或实际值与真值、给定值或理论值之差。

55）分辨率（resolution）——两个相邻的离散量之间可以分辨的最小间隔。

附录 B　螺纹底孔直径参考表

米制普通螺纹		米制细牙螺纹		米制细牙螺纹	
螺纹代号	推荐底孔直径/mm	螺纹代号	推荐底孔直径/mm	螺纹代号	推荐底孔直径/mm
M3×0.5	2.5	M3×0.35	2.65	M14×1.5	12.5
M3.5×0.6	2.9	M3.5×0.35	3.15	M14×4.0	13.0
M4×0.7	3.3	M4×0.5	3.5	M15×1.0	13.5
M6×1.0	5.5	M4.5×0.5	4.0	M15×1.0	14.0
M7×1.0	6.0	M5×0.5	4.5	M16×1.5	14.5
M8×1.25	6.75	M5.5×0.5	5.0	M16×1.0	15.0
M9×1.25	7.75	M6×0.75	5.25	M17×1.5	15.5
M10×1.5	8.5	M7×0.75	6.25	M17×1.0	16.0
M11×1.5	9.5	M8×1.0	7.0	M18×2.0	16.0
M12×1.75	10.25	M8×0.75	7.25	M18×1.5	16.5
M14×2.0	12.0	M9×1.0	8.0	M18×1.0	17.0
M16×2.0	14.0	M9×0.75	8.25	M20×2.0	18.0
M18×2.5	15.5	M10×1.25	8.75	M20×1.5	18.5
M20×2.5	17.5	M10×1.0	9.0	M20×1.0	19.0
M24×3.0	21.0	M10×0.75	9.25	M22×2.0	20.0
M27×3.0	24.0	M11×1.0	10.0	M22×1.5	20.5
M30×3.5	26.5	M11×0.75	10.25	M22×1.0	21.0
		M12×1.5	10.5	M24×2.0	22.0
		M12×1.25	10.75	M24×1.5	22.5
		M12×1.0	11.0	M24×1.0	23.0

附录 C　数控车床 G 代码表（FANUC 系统）

G 代码	功能	书写格式	加工范围	备注与注意事项
G00	快速点定位	G00 X(U)_ Z(W)_ ;	定位	移动速度是机床设定参数，仅能用倍率调动
G01	直线插补	G01 X(U)_ Z(W)_ F_ ;	外圆、锥面、端面	G01 在 FANAC 系统中可以用 C 和 R 进行倒角和圆弧过渡：G01 X(U)_ Z(W)_ C/R _ ;
G02	顺时针圆弧	G02/G03 X(U)_ Z(W)_ R _ F_ ； G02/G03 X(U)_ Z(W)_ I _ K _ F_ ； I, K:起点到圆心的增量距离 I(K)=X(Z)圆心坐标−X(Z)起点坐标	圆弧	1. 方向判定：沿着垂直于圆弧所在平面的坐标轴，从正向看负向。（笛卡儿坐标系） 2. 设 θ 为圆心角，当 θ 为 0~180°时，R 为正；当 θ 为 180°~360°，R 为负；当 $\theta=360$°时，不能用 R，应用圆心角表示
G03	逆时针圆弧			
G04	程序停止	G04 X_ ； 单位：ms	提高光整度	短时间无进给运动
G32	螺纹切削	G32 X(U)_ Z(W)_ F_ ； F:单头螺纹是螺距，多头螺纹是导程	圆柱、圆锥、端面的螺纹加工	1. 分层次切削，保证切深逐来减小 2. 切削螺纹过程，不允许使用线速度指令 3. 主轴倍率，进给倍率无效（一般为 100%）
G92	螺纹切削循环	圆柱:G92 X(U)_ Z(W)_ F_ ； 圆锥:G92 X(U)_ Z(W)_ R _ F_ ； R:表示锥度，是锥螺纹起点与终点的半径差（有正、负之分） L:导程	圆柱、圆锥螺纹加工	
G76	复合螺纹切削循环	G76 P(m)_(r)_(α) Q(Δd_{min}) R(d) G76 X(u) Z(w) R(I) P(k) Q(Δd) F(f)	圆柱、圆锥螺纹加工	m:精加工重复次数 01~99 两位数 r:退刀量(0.1L~9.9L)/导程×10 α:牙型角，两位数 Δd_{min}:表示最小切深（半径值），不带小数点形式 d:表示精加工余量，用半径形式指定，带小数点形式。 Δd:第一次切深，不带小数点形式 u,w:表示螺纹起点与终点半径之差），直螺纹为 0 I:锥度（螺纹起点与终点半径之差），直螺纹为 0 k:牙型高，不带小数点 F:螺纹导程

（续）

G代码	功能	书写格式	加工范围	备注与注意事项
G90	外圆、圆锥切削循环	圆柱:G90 X(U)_ Z(W)_ F_ ; 圆锥:G90 X(U)_ Z(W)_ R_ F_ ; R:起点与终点的半径差(有+、-之分)	单一形状 外圆、圆锥	—
G94	端面切削循环	圆柱:G94 X(U)_ Z(W)_ F_ ; 圆锥:G94 X(U)_ Z(W)_ R_ F_ ; R:起点与终点在Z轴上的距离(有正、负之分)	单一形状(锥)端面	—
G70	精加工复合循环	G70 P(ns)_ Q(nr)_ F_ ; ns:精车开始程序段号 nr:精车结束程程序段号	精车循环	当粗加工完毕后,用G70执行精加工,切除粗加工余量
G71	外圆粗加工循环	G71 U(Δd)_ R(e)_ ; G71 P(ns)_ Q(nf)_ U(Δu)_ W(Δw)_ F_ ;	粗车外圆端面固定形状	e:退刀量,无符号,模态 ns:粗车开始程序段号 nf:粗车结束程序段号
G72	端面粗加工循环	G72 W(Δd)_ R(e)_ ; G72 P(ns)_ Q(nf)_ U(Δu)_ W(Δw)_ F_ ;	粗车外圆端面固定形状	U(Δi):X轴切削余量=退刀量,半径值 W(Δk):Z轴切削余量=退刀量 R(d):粗加工循环次数
G73	封闭切削粗加工循环	G73 U(Δi)_ W(Δk)_ R(d)_ ; G73 P(ns)_ Q(nf)_ U(Δu)_ W(Δw)_ F_ ;	粗车外圆端面固定形状	Δi:X轴的切深(半径值),模态不带小数点形式 Δk:Z轴的移动距离,不带小数点形式
G75	外径切槽循环	G75 R(e)_ ; G75 X(U)_ Z(W)_ P(Δi)_ Q(Δk)_ F_ ;	外径沟槽	Δi:X轴的切深(半径值),模态不带小数点形式 Δk:Z轴的移动距离,数控车床默认
G20	设定单位	—	英制单位	单位为in
G21	设定单位	—	米制单位	单位为mm,数控车床默认
G98	设定进给量	—	每分钟进给量	单位为mm/min
G99	设定进给量	—	每转进给量	单位为mm/r,数控车床默认
G96	设定主轴转速	—	恒定线速度	单位为m/min
G97	设定主轴转速	—	转速	单位为r/min,数控车床默认

附录 D 数控外圆车刀磨损现象与对策

刀片损伤类型	现象	原因	对策
后刀面磨损	切削阻力增大 在后刀面逐渐形成沟槽磨损	刀具材料过硬	选用高韧性刀具
		切削速度过高	降低切削速度
		后角过小	增大后角
		进给量太小	加大进给量
前刀面磨损	断屑控制不好 精加工表面质量不佳	刀具材料过软	选用高耐磨性刀具
		切削速度过高	降低切削速度
		进给量太大	降低进给量
崩刃	突发性崩刃 刀具寿命不稳定	刀具材料过硬	选用韧性好的刀具材料
		进给量过大	降低进给量
		切削强度不足	加大刃口修磨量
		刀杆刚性不足	加大刀杆尺寸
破损	切削阻力增加 表面变粗糙	刀具材料过硬	选用韧性好的刀具材料
		进给量过大	降低进给量
		切削强度不足	加大刃口修磨量
		刀杆刚性不足	加大刀杆尺寸
塑性变形	工件尺寸变化不稳定	刀具材料过软	选用高耐磨性刀具
		切削速度过高	降低切削速度
		切削速度、进给量过大	减小切削速度、进给量
		切削刃湿度过高	选用导热系数高的刀具材料
积屑瘤	精加工表面质量不佳 切削阻力增加	切削速度低	提高切削速度
		切削刃部锋利	增大前角
		刀具材料不适合	刀具选用涂层、金属陶瓷材料
热龟裂	由于热循环而崩损多 出现在连续切削	切削热引起的膨胀与收缩	干式切削
		刀具材料过硬	选用韧性好的刀具材料
边界磨损	产生毛刺 切削阻力增大	切削刃部欠锋利	增大前角使切刃锋利
		切削速度过高	降低切削速度
剥落	多出现紫高硬材料， 有振动的切削	切削刃上黏结	增大前角使切削锋利
		切削排屑不顺	增大刀片容屑量

附录 E　数控螺纹车刀磨损现象与对策

刀片磨损类型	原因	对策
后刀面磨损	切削速度过高	降低切削速度
	进刀太浅,发生磨损	减少进刀次数,减少切削刃摩擦次数
	刀片位于中心线以上	采用正确中心高
左右切削刃磨损不均	刀片刃倾角与螺纹的螺旋角不一致	选用正确的刃倾角
	侧向进刀方式不正确	改变侧向进刀方式
崩刃、破损	切削速度过慢	提高切削速度
	切削力过大	增加进刀次数
	在不稳定夹紧状态下切削 绕屑	检查工件是否有振动 缩小刀具悬伸量 确认工件与刀具的夹紧状态
塑性变形	切削速度过大	降低切削速度
	切削区域温度过高	增加冷却液供应
螺纹表面质量不佳	切削速度过低	提高切削速度
	刀片不在中心高上	调整中心高
	切屑不受控制	稳妥处理切屑
螺纹牙形不正确	中心高不对	调整中心高
积屑瘤	切削刃温度太低 (发生在加工不锈钢和低碳钢时较多)	提高切削速度和切削液浓度

附录 F　FANUC 0i Mate-TD 数控编程操作常见机床参数表

参数	参数含义	一般设定值	备注
20	I/O 通道	0,1,2,3:RS232 数据线 4:CF 存储卡	
1320	机床正方向软限位		根据机床行程及 机械零点设点
1321	机床负方向软限位		
1410	空运行速度	3500mm/min	
1420	各轴快移速度	5000mm/min	
1422	最大切削进给速度	3500mm/min	
1423	各轴手动速度	4000mm/min	

（续）

参数	参数含义	一般设定值	备注
1424	各轴手动快速移动	6500mm/min	
3204	［］与（）的切换	0：输入［］输出为（） 1：输入［］输出为［］	（）用于备注信息
0000#5	自动插入顺序号	0：不插入 1：自动插入	
3301	画面硬复制	0：无效 1：有效	
3401#0	忽略小数点是最小设定单位	0：mm 1：in	
3208	系统锁定	0：解除 1：锁定	
3102#3	中文显示	1：中文	
3105#0	实际进给速度显示	0：不显示 1：显示	
3105#2	实际速度和 T 代码显示	0：不显示 1：显示	
3106#5	主轴倍率显示	0：不显示 1：显示	
3108#7	实际手动速度显示	0：不显示 1：显示	
8901	风扇报警强制解除	0：不解除 1：强制解除	
3206#6	MDI 程序运行后保留	0：删除 1：保留	
0123	仿真图像坐标的显示		根据实际需求 选择 0~5 中的 1 位
0779	加工工件总数		
0600	设定所需加工工件数		

参 考 文 献

［1］ 顾其俊，卢孔宝. 数控铣床（加工中心）编程与图解操作 ［M］. 北京：机械工业出版社，2015.

［2］ 顾其俊. 数控机床编程与操作技能实训教程 ［M］. 北京：印刷工业出版社，2012.

［3］ 常晓俊，赵涓涓. 图解数控车削编程与操作 ［M］. 北京：科学出版社，2016.

［4］ 卢孔宝，顾其俊. 基于 G10 指令优化数控车削深凹形轴类零件的编程 ［J］. 机床与液压，2016，22：42-44.

［5］ 杨晓. 数控车刀选用全图解 ［M］. 北京：机械工业出版社，2014.